高等学校智能建造应用型本科系列教材

高等学校土建类专业课程教材与教学资源专家委员会规划教材

建筑工程智能化施工

江苏省建设教育协会　组织编写

朱　炯　刘宏伟　盛　杰　主　　编

宋雪娟　赵　婕　宋兴禹　于建兵　副主编

刘荣桂　主　　审

中国建筑工业出版社

图书在版编目（CIP）数据

建筑工程智能化施工 / 江苏省建设教育协会组织编写；朱炯，刘宏伟，盛杰主编；宋雪娟等副主编.

北京：中国建筑工业出版社，2025.6. -- (高等学校智能建造应用型本科系列教材)（高等学校土建类专业课程教材与教学资源专家委员会规划教材）. -- ISBN 978-7-112-31270-2

Ⅰ. TU74-39

中国国家版本馆CIP数据核字第2025SW9782号

本书是高等学校智能建造应用型本科系列教材、高等学校土建类专业课程教材与教学资源专家委员会规划教材。本书紧密结合建筑业转型升级的需求，系统介绍了建筑工程智能化施工的核心知识与技能，内容包括绪论、深基础工程智能化施工、混凝土结构智能施工、钢结构智能化施工、智能施工质量安全管理、典型案例分析等。

本书以BIM、物联网、大数据、人工智能等前沿技术为基础，深入探讨其在建筑工程智能化施工中的应用，结合实际案例帮助读者更好地理解和应用相关技术，各章节内容循序渐进，从基础理论到技术集成，再到综合应用，助力读者构建系统性思维与解决复杂工程问题的能力。编写团队由高校学者组成，确保内容的科学性、实用性和前沿性。同时，教材配套教学资源，方便教学与自学。

本书适用于高等学校智能建造、土木工程等专业，也适合建筑行业技术人员的继续教育。

为了更好地支持教学，我社向采用本书作为教材的教师提供课件，有需要者可与出版社联系，索取方式如下：建工书院 https://edu.cabplink.com，邮箱 jckj@cabp.com.cn，电话（010）58337285。

策划编辑：高延伟
责任编辑：仕 帅 吉万旺
责任校对：张惠雯

高等学校智能建造应用型本科系列教材
高等学校土建类专业课程教材与教学资源专家委员会规划教材
建筑工程智能化施工
江苏省建设教育协会 组织编写
朱 炯 刘宏伟 盛 杰 主 编
宋雪娟 赵 婕 宋兴禹 于建兵 副主编
刘荣桂 主 审
＊
中国建筑工业出版社出版、发行（北京海淀三里河路9号）
各地新华书店、建筑书店经销
北京雅盈中佳图文设计公司制版
三河市富华印刷包装有限公司印刷
＊
开本：787毫米×1092毫米 1/16 印张：12¼ 字数：278千字
2025年8月第一版 2025年8月第一次印刷
定价：**48.00**元（赠教师课件及配套数字资源）
ISBN 978-7-112-31270-2
（44800）

本系列教材编写委员会

出版说明

高质量发展是全面建设社会主义现代化国家的首要任务。发展新质生产力是推动高质量发展的内在要求和重要着力点。因地制宜发展新质生产力，统筹推进传统产业升级、新兴产业壮大和未来产业培育，关键在于科技创新，在于人才支撑；培养高素质人才，关键在于教育。

建筑业作为我国传统产业，是国民经济的重要支柱。近年来，随着人工智能、大数据、云计算、5G 等技术快速发展，数字化转型成为行业的重要趋势。国家及地方政府出台一系列政策，加快推动了智能建造与建筑工业化协同发展，国家发展改革委等部门发布的《绿色低碳转型产业指导目录（2024 年版）》明确将"建筑工程智能建造"纳入其中，建筑智能化成为未来建筑业发展的主要方向。基于推进教育、科技、人才"三位一体"协同融合发展，培养高素质应用型人才，满足建筑行业转型升级需要，江苏省建设教育协会联合徐州工程学院、南京工业大学、苏州科技大学、扬州大学、南京工程学院、盐城工学院、东南大学成贤学院、南通理工学院八所高校及中国建筑工业出版社，组织编写了这套"高等学校智能建造应用型本科系列教材"。

根据建设项目全过程及应用型院校课程设置实际，策划了智能设计、生产、施工、运维与管理、施工设备及测绘等系列教材，包括《建筑工程数字化设计》《建筑工业化智能生产》《建筑工程智能化施工》《建筑工程智能化运维与管理》《智能化施工机械与装备》《工程智能测绘》，每本教材分别围绕智能建造一个方面展开，内容相互衔接、互为补充，共同组成一个完整的智能建造知识体系。

为确保本套教材的科学性、权威性和实用性，本系列教材采取协会协调组织、多校合作、专家指导、企业和出版单位参与的模式编写，邀请业内知名专家担任主编和审稿人，对教材大纲和内容进行严格审核把关。同时，中亿丰数字科技集团有限公司等多家企业为教材编写提供了丰富的实践素材和案例。

本系列教材编写遵循以下原则：

一是系统性。系列教材围绕项目建设过程中的数字化设计、工业化生产、智能化施工到智能化运维管理等方面，构建了完整的智能建造知识体系。

二是实用性。系列教材注重理论与实践相结合，通过具体的案例分析，使读者能够更好地理解并运用所学知识解决实际问题。

三是前沿性。系列教材紧密关注智能建造技术的最新发展动态，将 BIM、GIS 等前沿技术融入教材，使读者能够了解并掌握最新的智能建造技术和方法。

四是易读性。系列教材语言简练，图文并茂，并附有数字化资源，易于读者理解和掌握。

本系列教材主要适用对象为土木工程、工程管理、智能建造等相关专业的本科生、研究生以及建筑工程行业的广大从业人员。希望通过本系列教材，能够帮助相关专业学生和从业人员了解智能建造的基本原理、技术方法和发展趋势，培养他们的创新思维和实践能力。读者在使用本套教材时，可根据自身的专业背景和实际需求，选择适合自己的教材进行学习。同时，鼓励读者将所学知识应用于实践，通过实际操作加深对理论知识的理解和掌握。此外，为方便读者随时随地进行学习和交流，我们还将提供线上学习资源和交流平台。

最后，诚挚感谢参与本系列教材编写的各位专家、学者和企业界人士，正是诸位的辛勤付出和无私奉献，才使得本系列教材得以顺利付梓。

尽管竭诚努力，但由于编者的水平和能力有限，教材难免有不足之处，恳请各相关院校的师生及其他读者在使用过程中给予批评指正，并将宝贵的意见和建议及时反馈给我们，以便在将来修订完善。

江苏省建设教育协会

前　言

随着建筑业转型升级的趋势不断加强，智能建造已经成为建筑业发展的必然趋势和转型升级的重要抓手。住房和城乡建设部已经将北京市、天津市、重庆市、河北雄安新区等24个城市列为智能建造试点城市，旨在推动智能建造技术的研发和应用，加快建筑业的转型升级。智能建造技术发展下，工程项目的设计、生产、施工和运维等全生命期各阶段依托数字化、信息化技术，提高工程质量和效率，降低成本和风险。其中，建筑运维阶段在工程项目全寿命期中所占据的时间、需要的成本以及产生的数据均有极大的比重，高效的建筑运维管理，对延长建筑物使用寿命、提升建筑物品质和价值、提高建筑物的舒适度具有重要作用，同时也为环境和社会的可持续发展做出贡献。

在上述背景下，我们编写了这本《建筑工程智能化施工》教材，旨在帮助读者理解和掌握建筑工程智能化施工的核心知识和技能，从而能够在实践中更好地应用这些技术，提高建筑施工管理水平。书中的内容涵盖了从基础知识到工程应用，将理论与实践相结合，介绍了建筑工程智能化施工的基本概念和范畴，深入探讨了智能技术在基础工程、混凝土工程、钢结构工程及建筑质量安全与管理中的应用，另外书中还提供了相应的案例分析，便于更加直观地理解和应用这些理论和技术。在本书编写过程中，我们尽量保持内容的实用性和简洁性，以方便读者的学习、理解和运用。希望通过这本书，读者可以获得关于建筑工程智能化施工的系统化知识，理解如何利用智能化技术来提高建筑工程施工与管理水平。

参加本书编写的人员有：徐州工程学院朱炯（第1章）、盛杰（第2章）、赵婕（第4章）、宋雪娟（第6章），扬州大学宋兴禹（第3章），盐城工学院刘宏伟（第5章）。全书由朱炯统稿，由刘荣桂审阅。

在本书编写过程中，得到了中国建筑工业出版社、江苏省建设教育协会、中亿丰数字科技集团有限公司、远大活楼有限公司的大力支持和帮助，对此表示衷心的感谢。

限于编者水平，书中不妥之处在所难免，诚挚期待读者对本书提出宝贵的意见和建议，以便我们不断改进和完善。

编　者
2024年12月

目　录

第 6 章　典型案例分析

第 1 章

绪　论

二维码 1-1
第 1 章　教学课件

本章要点 📖

1. 了解智能化施工国内外发展现状及典型工程应用；
2. 掌握智能化施工虚拟化、数字化、产业化、协同化发展趋势；
3. 学习常用的虚拟仿真技术、智能化施工设备、智能化监测、智能化管理等智能化施工技术。

教学目标 📰

1. 了解智能化施工国内外发展现状及典型工程应用，掌握智能化施工虚拟化、数字化、产业化、协同化发展趋势；理解常用的各种智能化施工技术；
2. 能够发现和分析原有施工方法的不足与缺陷，理解施工的智能化发展趋势；
3. 能够根据不同工程场景，掌握常用的虚拟仿真技术、智能化施工设备、智能化监测、智能化管理等各类智能化施工应用。

案例引入 📄

古今工程施工效率对比

公元前3000年，古人类应用杠杆、滑轮、斜面等机械原理修建金字塔。埃及胡夫金字塔（图1-1）体积约260万 m^3，据古希腊历史学家希罗多德估算，一共花费20年修建胡夫金字塔，共完成13万 m^3 的施工量，每年约用工10万人。采用现代施工技术，同样采用石材的话，估计大约需要2~3年，效率提升6倍。中国三峡大坝（图1-2）浇筑混凝土1600万 m^3，一年浇筑约240万 m^3（其中还包括各种钢筋、预埋、模板测量、检验等诸多工序穿插施工），效率较建造金字塔提升18倍。值得我们思考的是：

1. 随着工程施工设备、技术、工艺的发展，施工效率快速提升、人力成本急剧下降，这是科技进步、文明发展的必然趋势。如果用现代施工技术来完成金字塔建设，人工和时间成本能提升多少？
2. 在提升效率的同时，如何保证安全和质量要求？

图1-1 埃及胡夫金字塔

图1-2 中国三峡大坝

1.1 智能化施工发展现状

1.1.1 智能化施工发展必要性

为响应"数字中国"的发展战略，国家大力提倡和扶持数字化行业的发展，加快城市数字化、网络化、智能化进程。建筑业是我国经济的支柱产业，推动智能化与建筑业的深入融合发展，引导传统的建筑行业进行转型发展，为工程建设领域发展提供新的动力，这是国家和各地方政府都在积极推进的一项重要工作。

工程实践证明，大力发展智能化施工，可以转变工程建设的传统建造方式，实现从劳动密集型到技术密集型的转变，从而使劳动生产率、生产工效和资源利用率得到极大提高，实现绿色建造、精益建造。随着信息技术和人工智能技术的飞速发展，无人操控、北斗定位、5G、大数据等先进技术应用边界不断拓展，各种技术交织相融，为智能化建造提供了技术基础，其在建筑行业的应用场景趋于成熟。同时，传统施工技术人工成本不断提高，人工费用投入比重逐渐加大，获取红利逐步收窄。

目前，智能建造涵盖设计、生产、施工、运维等方方面面，已逐步应用于建筑、公路、桥梁、隧道、车站、机场、水利、能源工程等领域。其中，智能化施工不同于一般的自动化，对比传统的施工过程，其强调机器代替人做复杂的工作，具有人机交互、自主学习、自主分析、自主决策、自主优化、判断、预警、决策等优势。

智能化施工技术在工程中应用会产生庞大的数据，基于工程物联网和智能化施工产生的大数据，要将智能化算力算法融入智能化施工各个环节，综合应用大数据、人工智能、数字孪生、智能感知、工业互联网等技术，赋予相关技术、设备、设施和装备智能化属性进行工程建造的过程被称为智能化施工。智能化施工的关键是以建筑工业化为载体，在工程建设各环节加大智能化施工技术的应用，突破技术瓶颈，以智能化、数字化升级为动力，形成涵盖设计、科研、生产、施工、运营等全产业链融合的智能产业体系。

智能化施工具体实施重点：一是依次从行业级、企业级、项目级三个层面，研究面向个性化定制、网络化协同、智能化生产等智能化施工的不同场景模式；二是开发智能化建造及控制工业互联网集成平台和专项平台，涵盖建筑工程设计、施工、生产、运维等全生命周期；三是开发针对工程实体建造过程中所涉及的人员、材料、机械、环境、方法等关键要素的专项智能化装备和技术。通过智能化施工技术发展和应用，实现工程项目价值和功能的有效增值，从根本上变革工程建造模式。

1.1.2 智能化施工技术发展现状

智能化施工是一种创新的建造方式，该方式将信息技术与建筑施工有机融合，通过在施工阶段充分利用前沿技术，提高土木工程施工信息化水平，改进施工技术和管理方式，从而实现施工质量安全控制和成本控制。近年来，智能化技术应用极大地促进了智能化施工的发展，深刻影响和改变着传统建筑行业，已成为时代发展的热点。发达国家如美国、法国和德国等高度重视智能化发展，已将其放在了国家战略层面。

1. 面向全产业链的工程软件

随着信息技术的不断发展，工程建造领域逐渐形成了以建筑信息模型（Building Information Modeling）为核心、面向全产业链一体化的工程软件体系。工程软件作为专业知识和工程技术的程序化封装，贯穿工程项目各阶段，包括工程分析、设计建模、项目管理等不同类型。各种工程软件相互协同，支持建设项目全生命周期业务的自动化和决策的科学化。其中，BIM技术通过对施工项目进行系统性建模和信息化表达，可形成建筑项目全信息5D模型指导施工，如图1-3所示。在施工前，可通过三维漫游和施工模拟进行场地布置优化和工期优化。在施工期间，可实时通过模型展示项目下一阶段施工要点，实现高效信息化管理，同时可以通过碰撞检验，对建筑机电设备进行优化，避免在后期施工阶段出现碰撞而返工，该技术应用前景十分广泛。

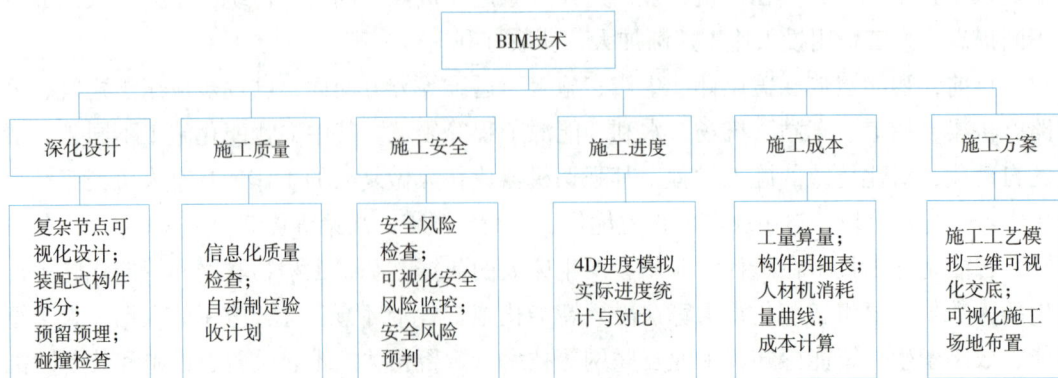

图1-3　BIM技术

伴随着 BIM 技术、计算机软硬件设施、工业化建造技术、智能控制技术等迅速发展，智能化施工进入了一个高速发展的阶段，其重点是在计算机上进行建筑全生命周期可视化虚拟建造、智能化施工建造和管理等，目的是将智能化施工中整个产业链的每一个环节打通。

BIM 技术主要反映建筑物本身的各种信息，但通常不能反映建筑物周边环境的信息。地理信息系统 GIS（Geographic Information Systems）技术（图 1-4）作为一种空间信息系统，以地理空间数据为基础，可实时提供动态和多空间的地理信息。在建筑领域，该技术可实现建筑施工的各阶段信息共享、建筑项目场地内三维可视化、建筑施工精细化管理和安全风险管理。在 BIM 与 GIS 结合使用的过程中，BIM 模型提供工程结构的相关信息，从微观角度反映工程结构单体信息，GIS 提供地理环境信息，从宏观角度反映建筑周边环境、地形、地质等地理信息，两者互为补充，可同时显示宏观与微观的信息，同时提供了从空间地理数据处理的角度进行分析的途径，如图 1-4 所示。

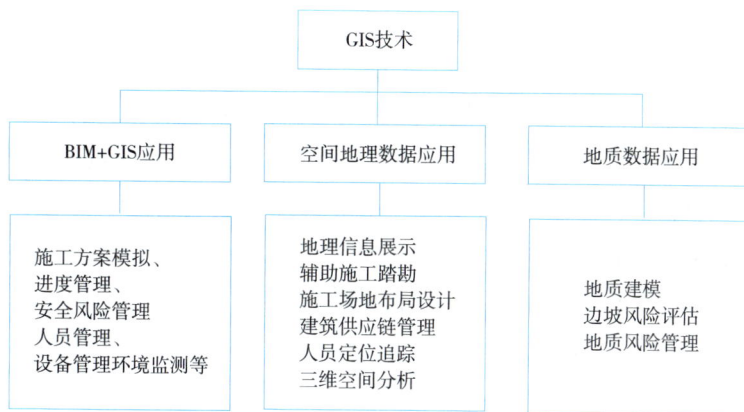

图 1-4　GIS 技术

2. 面向智慧工地的工程物联网

物联网技术起源于传媒领域，通过信息传感设备，将物体连接互联网，进而通过信息的交换和频繁通信，实现物体的识别、定位、跟踪和监管。在建造施工领域，物联网技术可实现人力、机械和物体的泛在连接。通过信息传感设备将物体的信息进行交换传输，实现建筑施工的实时追踪、监控。同时物联网技术赋能全生命周期管控的工地系统的出现，使得建筑施工的管理更加科学高效。除此之外，智能化施工还包括人工智能技术和大数据与云计算技术等一系列信息技术。土木工程施工阶段是土木工程建设的核心阶段，以往的土木工程施工往往存在着各主体沟通复杂、施工组织设计不合理、施工周期长且不稳定等问题，伴随着施工的智能化，势必推动工程建造过程的安全、文明、规范和高效，从而提升土木工程行业建造水平。

智能工地在工程物联网支持下，将具备如下特征：一是信息高效整合，以信息及时感知和传输为基础，将工程要素信息集成，构建智能工地；二是万物互联，以智能物联、移动互联网等多重组合为基础，实现五大要素"人、机、料、法、环"之间互联互通，如图 1-5 所示；三是参与方全面协同，工程项目参与方通过统一智能平台实现各种信息共享融通，提升跨部门、跨项目、跨区域的多层级共享能力。

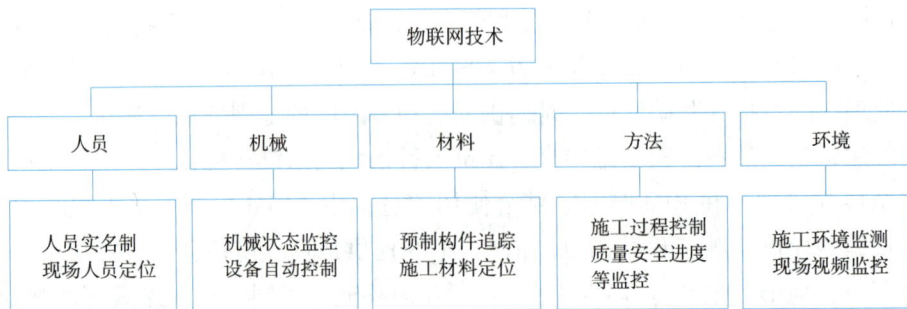

图 1-5　物联网技术

2010 年 7 月，德国公布了《德国 2020 高技术战略》，将"工业 4.0"定为国家未来 10 大重点工程之一，并在此基础上明确指出，实现了工业产品的智能化。德国是世界上工业强国，它的基础设施和建筑建造都是按照国际标准制定的，它的建筑计划和工程施工技术也是举世闻名的。2013 年，德国政府组建了"重大工程建设改革委员会"，提出了"先虚拟，后实物"的十条原则，对数字建造技术的发展起到了巨大推动作用。BIM、物联网等数字建造技术在相关的基础设施建设示范项目中得到了广泛的应用，并取得了较好的效果。德国已经从这一试验工程中获得了成功。

2017 年 3 月，英国公布了《英国数字战略》，在全国范围内对智能化建设作出了总体部署，为其提供了前所未有的发展契机。2018 年，英国建筑规范组（NBS）发布《国家 BIM 报告 2018》，希望缩短工程建设周期，并降低工程建造和运维成本，成立了数字建造中心，组建了 BIM 行业联盟，在为建筑行业中实施推行工程智能化施工做出持续努力。德国和英国凭借着其先进的工业化施工技术和信息化能力，将数字化与现场施工的设备、工艺、管理进行了有机融合，引领了全球智能化施工的发展。

我国作为全球建造大国和制造大国，一直高度重视智能化发展战略，从 2015 年国务院印发《中国制造 2025》，再到 2020 年国家有关部门颁布一系列"新基建"政策文件，都显示了国家对于数字化创新发展的重视。着力提升技术创新动力，聚焦"新基建"，培育经济发展新动能，对于建筑行业数字化创新发展具有极其重要的意义。《中国制造 2025》将"三阶段建设制造强国"作为"三阶段建设"的首要步骤，对中国建筑信息化建设起到了巨大的推动作用。

2017 年 12 月，麦肯锡发布了一份关于中国数字经济的调查结果：中国已经成为世界上最具竞争力的国家之一，并且具有很强的发展前景；中国产业的数字化虽然与发达国家还有一定的距离，但正在不断追赶。在此基础上，到 2035 年，产业的数字化思想和技术将产生 10%~45% 的新增就业岗位。数字技术已经是当今社会的一个热门话题，它有着无限的发展空间，对社会各个领域都产生了深远的影响与变革。在"互联网+"的背景下，智能装备和信息化技术逐渐被引入工业生产中，在建筑施工中得到了广泛的应用。近几年，我国工程施工行业出现了一股蓬勃发展的热潮，上海中心大厦、上海迪士尼乐园等大型工程将该技术运用于工程施工全流程，为我国建筑行业带来了巨大的变革，极大地提升了工程项目的规划设计、施工、运营管理乃至整体工程的质量与管理水平，对我国建筑行业产生了深远的影响与变革。

3. 面向人机共融的智能化工程机械

智能化工程机械是在传统工程机械基础上，融合了故障诊断、多信息感知、高精度导航定位等新型技术的施工机械；通过不断自主学习修正、故障预测来达到性能最优化，核心特征是自适应、自感应、自学习和自决策，解决传统施工机械能源消耗严重、作业效率低下、人工操作存在安全隐患等问题。

世界各国积极调整产业结构，高度重视工程机械前沿技术，加大对工程机械制造的扶持力度，促使工程机械向网络化、数字化、智能化发展。我国虽然在工程机械智能化技术研发上有一定突破，但在打造智能化工程机械所必要的元器件方面仍落后于国际先进水平。电子控制单元（ECU）、可编程逻辑控制器（PLC）、控制器局域网络（CAN）等技术均落后于发达国家，阻碍了我国工程机械行业的发展，也制约了我国智能建造的整体竞争力。

4. 面向智能决策的工程大数据

工程大数据是工程全寿命周期各层级、各阶段所产生的各类数据。工程大数据将工程决策从经验驱动向数据驱动转变，具有价值密度低、种类多、体量大、速度快等特征，从而提升企业竞争力、提高生产力、改善行业治理效率。

工程大数据的价值产生于分析过程。数据分析从海量数据中选择全部或部分数据进行分析，根据不同任务挖掘决策支持信息。分析工程大数据需要人工智能的支持，尤其是深度学习作为当前人工智能的重点方向之一，具有无须多余前提假设，能根据输入数据而自优化，解决了早期神经网络过拟合、人为设计特征提取和训练困难等问题。但深度学习的复杂性使得模型容易成为黑箱，因而无法评估模型的可解释性，而机理模型的优点在于其参数具有明确的物理意义。因此，构建数据和机理混合驱动的数据分析模型，有助于从工程大数据中提炼具有实际物理意义的特征，提升计算实时性和模型适应性。

发达国家将大数据视为重要的发展资源，针对大数据技术与产业应用结合提出了一系列战略规划，如澳大利亚《数据战略 2018—2020》、美国《联邦数据战略和 2020 年行动计划》等。我国工程大数据的发展和应用仍处于初级阶段，也发布了《促进大数据发展行动纲要》等一系列战略规划。我国在工程大数据应用流程方面未能打通，数字采集未实现自动化、信息化，数据存储分析也缺少标准化流程；在技术方面，当前主流数据存储与处理产品，如典型数据库产品 HBase、Oraclenosql、MongoDB 等以及主流计算架构

Spark、Storm等大多为国外产品；在应用方面，我国工程大数据初步应用于物料采购管理、劳务管理、机械设备管理、造价成本管理等方面，应用的深度和广度均有不足。

1.1.3 智能化施工技术典型工程应用

1. BIM 技术应用典型案例

某项目将 BIM 技术贯穿应用于项目设计阶段、施工阶段、运维阶段，面向工程全生命周期提供智能化技术应用和数据集成，通过物联网、BIM 等智能化技术的应用达到指导、协助、施工和检查设计的作用，同时协调设计方、建设方、施工方、监理方的项目管理，减少错误和碰撞，提升工程进度与质量，降低工程造价成本（图 1-6）。

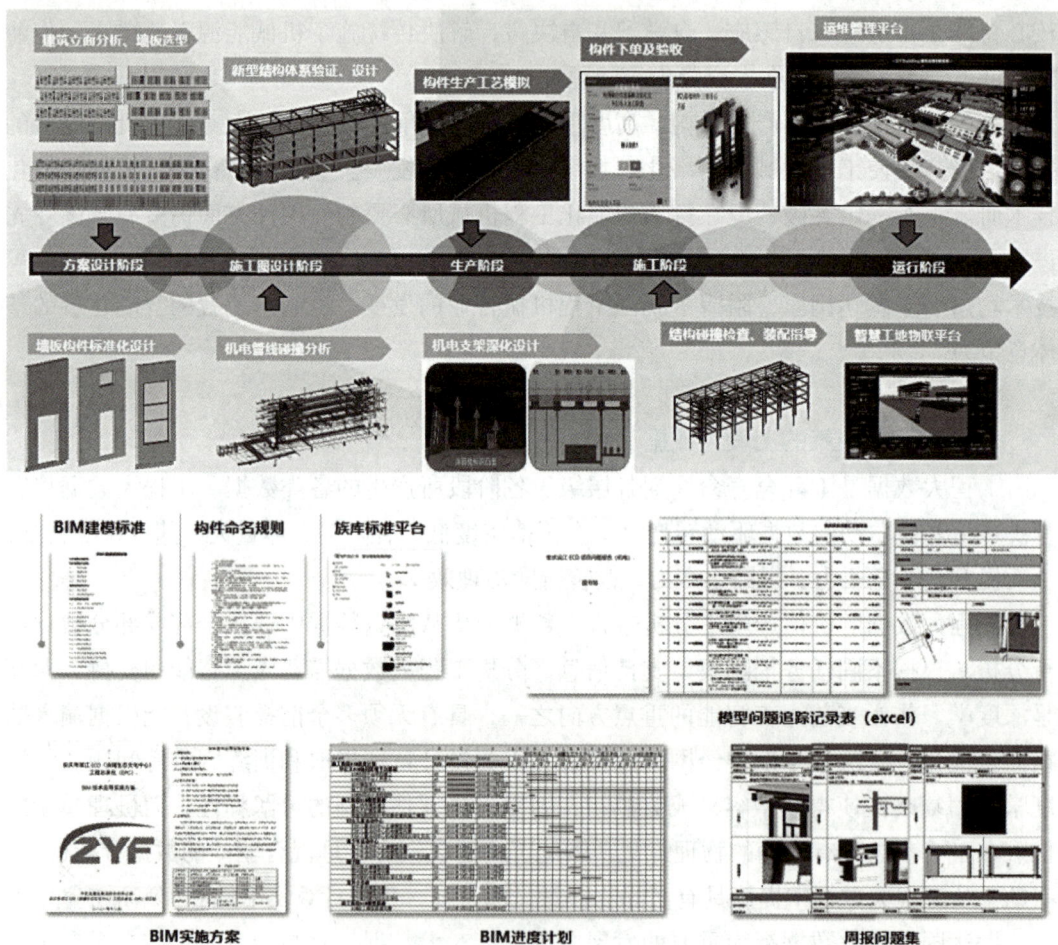

图 1-6 项目智能化实施路径及组织文件

在设计阶段，通过 BIM 技术进行立面建筑选型与性能化分析模拟、三维展示、施工图碰撞检查、管线综合优化；在装配式建筑的专项设计过程中用 BIM 技术建立预制构件并进行专项受力分析，保障项目力学指标，如图 1-7~ 图 1-9 所示。

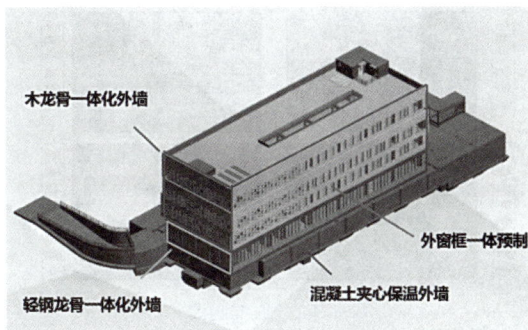

图 1-7 立面选型

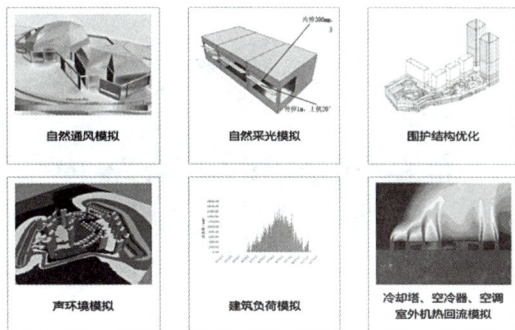

图 1-8 性能分析

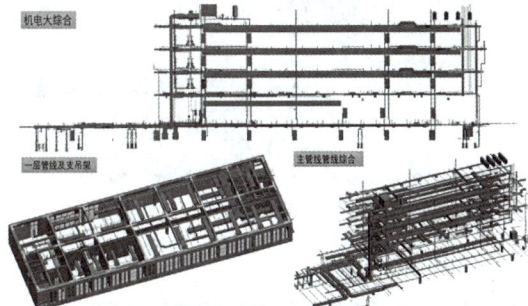

图 1-9 管线综合

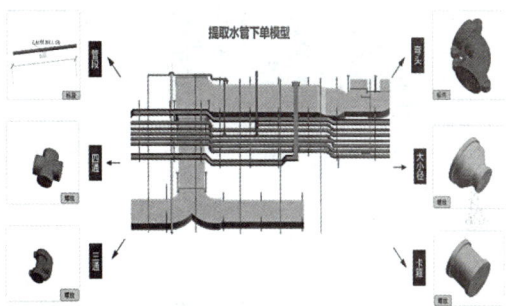

图 1-10 机电预制

　　施工阶段利用 BIM 技术进行场地布置，减少施工占地和二次搬运，保证项目预制构件运输道路通顺。针对新型快速装配体系，进行整体吊装模拟，辅助吊装方案编制，并用于现场施工交底；整合各专业模型后，对装饰效果进行可视化分析，解决复杂空间收口做法，优化整体造型，如图 1-10~ 图 1-16 所示。

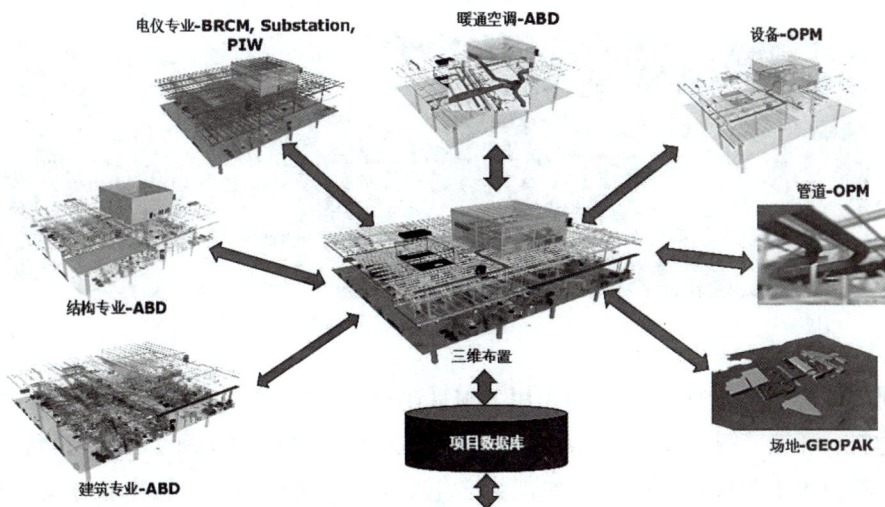

图 1-11 装配式 BIM 设计深化

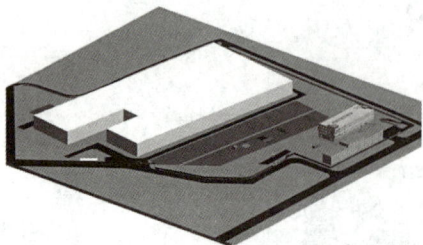

图 1-12　场地布置

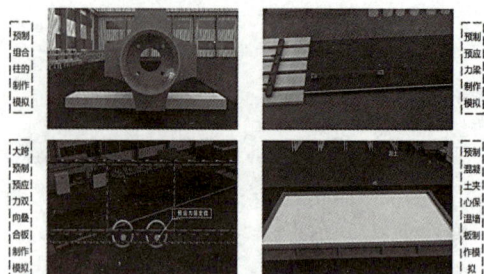

图 1-13　施工模拟

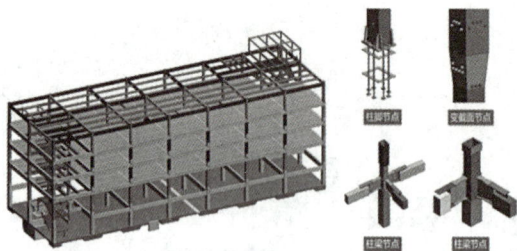

图 1-14　施工深化

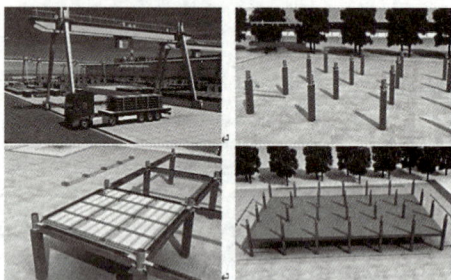

图 1-15　施工交底

图 1-16　装饰深化及效果表达

　　同时，施工阶段在工地现场采用 BIM+IoT+AI 技术，打造智慧化的人员、机械及设备、物料、环境、智能设备等应用，提升施工安全与质量管理水平，如图 1-17 所示。

　　在项目竣工阶段，采用 BIM 实现数字化交付，提供给业主方和物业方完整的数字资产数据，如图 1-18 所示。通过自主研发的公共建筑智慧建造与运维平台，以统一的 BIM

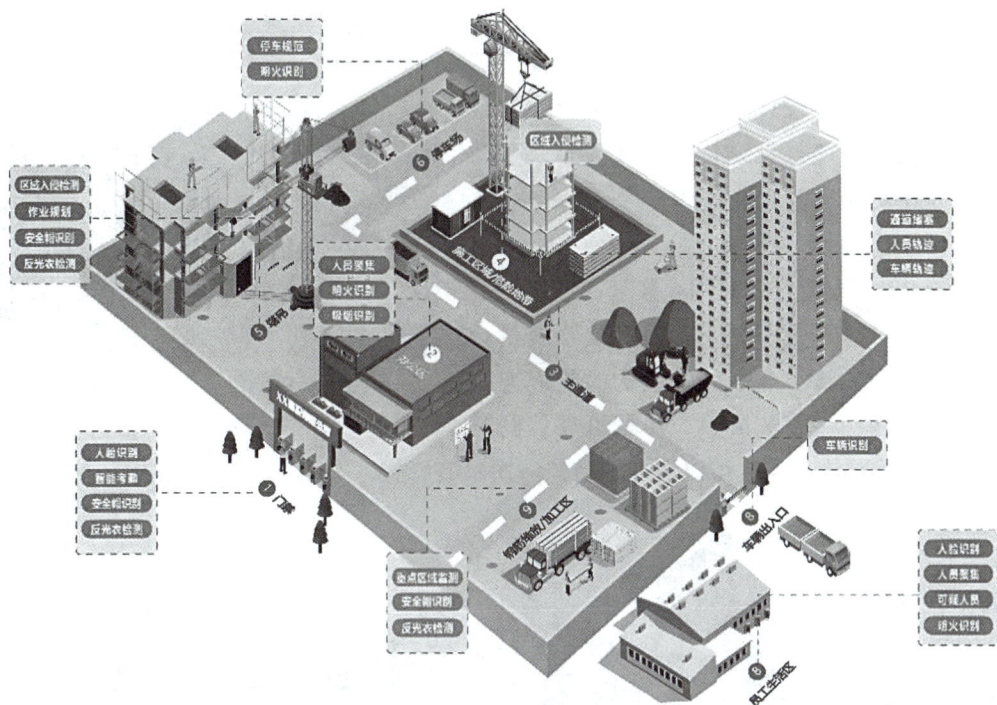

图 1-17 项目智慧工地应用

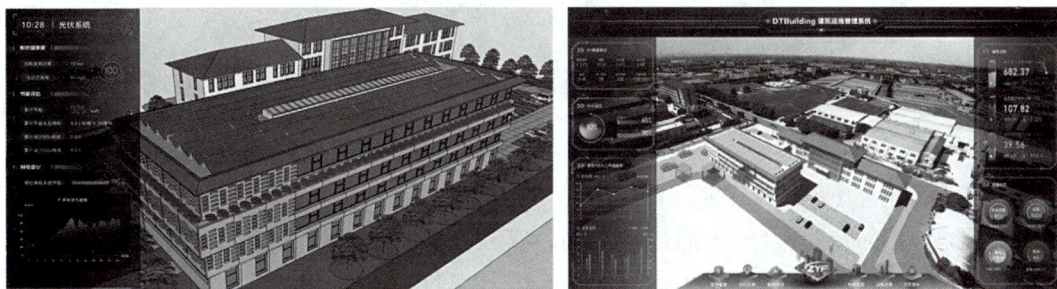

图 1-18 项目智慧运维应用

模型集成分散的业务数据，构建基于云平台的海量数据采集、融合、分析服务体系。基于 BIM 模型搭建光伏系统，实现对节能用电实时监测；通过在室内安装空气质量监测传感器，实时监测室内空气质量，发布空气质量系数，辅助环境监测；通过 BIM 对空间、资产进行管理，及时反馈设备故障位置和运行状态，提高维修效率；通过对接视频监控点，实时监测各出入口客流和车流数据及变化趋势，对人员倒地、高空坠物、越过警戒线等高风险行为利用 AI 算法进行识别，辅助安防管理。

2. 装配式组合结构应用典型案例

某装配式组合结构，实现了钢结构快速安装、抗火性能优异，具有大规模应用建造的潜力。

1）无支撑框架安装技术

传统装配式框架结构梁、柱均需要设置支撑体系，通过合理设计叠合梁中的预应力钢绞线，可以实现主体框架结构无支架安装，节约支架，提高安装效率（图1-19）。

2）高效连接节点

传统 PC 结构节点多采用灌浆套筒连接，节点构造复杂，施工效率低下，而且灌浆质量难以检测。高效连接节点采用钢结构的栓焊连接方式，方便快捷，工艺成熟，质量可靠；同时依托成熟的钢结构工艺，可以实现多节柱一次吊装，施工效率更高（图1-20、图1-21）。

图1-19　无支撑框架安装实景

图1-20　梁柱连接节点

图1-21　两节柱吊装

3）预制预应力夹芯叠合板

预制预应力夹芯叠合楼板周边不出筋，安装就位方便；楼板设置暗梁及附加钢筋，可以保证双向受力。楼板采用预应力，可以实现大间距少支撑施工，楼板密拼无后浇带，节约模板（图1-22、图1-23）。

图1-22　叠合板吊装

图1-23　楼面叠合板支撑实景图

4）高装配率工业化建造体系

高装配率工业化建造体系，梁、板、柱为全预制，预制构件标准化程度高、现场安装便捷、少支撑及无支撑安装方式；施工现场空间开阔整洁，便于与各种智能建造方式进行技术整合（图 1-24）。

图 1-24 自动整平机器人应用

1.2 建筑工程智能化施工发展趋势

1.2.1 虚拟化发展趋势

在工程施工之前对施工全过程进行仿真模拟，包括结构施工过程力学仿真、施工工艺模拟、虚拟建造系统建设等，并在施工过程中采用有效的手段实时监测和评估其安全状况，可以很好地动态分析、优化和控制整个施工过程。同时，在施工前通过大量的计算机模拟和评估，充分暴露出施工过程可能出现的各种问题，并经过优化有针对性地加以解决，为施工方案的确定和调整提供依据，可以实现施工建造的综合效益最优。此外，随着计算机硬件设施和各种软件技术的快速发展，尤其是超高速仿真计算机、超高速通信网络、高分辨显示系统、高精度传感器、智能化虚拟仿真软件等相关软硬件设施的发展都将进一步推动智能化施工技术的发展。

1.2.2 数字化发展趋势

数字化施工是在工程建造过程的各个环节融入人工智能，通过模拟人类的智能活动，取代或延伸建造过程中的部分脑力劳动。在工程建造过程中，系统能自动检测其运行状态，在收到外界干扰或内部数字流时能自动调整其参数，以达到最佳状态和最具自组织能力，并充分利用信息化技术，实现建筑部品加工或工程建造过程的智能化。例如，在工程施工过程中建筑机器人工作基本模式是通过与设计信息（特别是 BIM 模型）集成，对接设计几何信息与机器人加工运动方式和轨迹，实现机器人预制加工指令的转译与输出。建筑机器人的应用可以大大提高工效、保证质量和降低成本。再如，一种可以直接穿在身上或整合到衣服、配件上的便携式智能穿戴设备，将成为建筑工人的重要单兵装备。借助软件支持以及数据交互、云端交互来实现强大的功能，与施工环境紧密结合，给建筑施工方式带来很大变革。除此之外，具有接入互联网能力的智能终端设备，通过搭载各种操作系统应用于施工过程，根据用户需求定制各种功能，如实时查阅图纸、施工方案，三维展示设计模型，VR交底，辅助安全质量管理等，使得施工管理水平显著提升。目前，施工现场的移动智能终端正在向实用化、集成化方向发展，是智能建造技术平台向生产一线延伸的重要工具。

1.2.3 产业化发展趋势

产业化是智能化施工的发展趋势之一，以连续数字信息流为主线贯穿智能化施工全过程，实现数字化与工业化的融合发展，打造数字化施工产业链是数字建造产业化发展的关键。基于数字化与工业化融合发展理念，建立建筑部品全生命周期的基础数据库，集成建筑部品的设计流程、工艺规划流程、制造流程等，综合运用计算机技术、虚拟现实技术、仿真技术、网络技术和人机工程技术等相关技术，在工厂里实现建筑部品的仿真、分析、实验、优化、生产加工、检测等一体化流水制造，并逐步往上下游延伸，构建数字建造产业链。同时依托工厂化制造的高效率、低成本、高质量的生产优势，以及充分发挥产业链的资源整合和协同优势，使智能建造的各个环节均达到数字化、精细化、标准化、模块化，可以很好地从整体上解决智能化施工过程中的各种问题，实现综合最优。

1.2.4 协同化发展趋势

智能化施工涉及结构、环境、机械、电子工程、暖通、给水排水等多个学科专业领域。从收到客户需求，到完成设计方案交底给施工单位进行施工建造，再到项目运行维护管理。业主、设计单位、施工单位、监理单位、供应商等不同单位或部门都不同程度地参与其中，在此过程中资源整合问题、沟通理解程度、工作协调等在很大程度上影响和制约着工程建造的效率和质量。构建统一的协同管理平台，对工程项目中的数据存储、沟通交流、进度计划、质量监控、成本控制等进行统一的协作管理，使参建各方在平台上浏览图纸、模型、方案、施工模拟、施工进度、质量监控、成本投入等，获取自己需要的相关资料、图纸、模型。同时基于此平台，各参建方针对相应的问题在模型、图纸、方案等上面进行沟通、讨论、批注等操作，平台会自动记录所有人员的操作，不仅做到同步更新，而且有据可循。协同化平台的建立，可以有效促进工程项目的业主、监理、设计、施工、分包商等各参与方的高效沟通和协同开展工作，提高了沟通效率、工作协同度和工程管理水平。

综上，智能化施工是一门跨专业、跨部门的技术体系，智能化施工的发展需要社会各行各业的通力协作。在发展模式方面，需要有决策层的重视，通过强化顶层设计、整合与共享各类资源、统一质量标准体系、统一工作流程，打造出工程设计、生产、施工、运维等智能化施工完整的产业链，才能从根本上实现数字建造的健康科学发展。在技术创新方面，需要充分发挥和利用信息技术的科学计算优势，从环境适用性、材料性能、结构功能属性出发，面向共性和个性用户需求，对建筑全生命周期的各类信息进行分析、规范、重组、融合；同时，基于一体化连续数据流，利用互联网、物联网以及数控切割（激光切割等）、数控加工（CNC 数控机床等）、快速原型技术（3D 打印等）、逆向技术（激光扫描等）、机械手等智能化施工技术与装备，实现程序控制完成与数字设计一致的高精度、高效率、高品质的绿色环保建造与运营服务。

1.3 常用的智能施工技术

虚拟仿真技术是一种基于计算机生成的虚拟环境，用于模拟和模仿实际施工过程的技术，其在智能化施工中具体应用广泛，为项目管理和执行带来了巨大优势。通过逼真的三维模型，优化规划、设计和协调过程，提高施工效率和资源利用率。碰撞检测和冲突解决功能帮助项目团队早期发现问题，减少施工中的冲突和延误。施工流程优化和安全培训则提高了施工质量和工作安全。可视化沟通与审阅使得项目进展和设计方案更直观地展示给相关方，促进合作与决策。虚拟仿真技术的应用使得智能化施工成为可能，为建筑行业迈向更智能和高效的未来奠定了坚实基础。目前应用于智能化施工领域较为常用的虚拟仿真软件包括：Infraworks（规划、设计）、Navisworks（仿真、审阅）、Recap Pro（三维扫描）。

1. Infraworks（规划、设计）

Infraworks 是由 Autodesk 开发的一种 BIM（Building Information Modeling，建筑信息模型）软件，主要用于规划和设计基础设施项目，如道路、桥梁、城市规划等。其主要可用于数据集成、可视化以及智能分析。Infraworks 可以整合多种数据源，包括地理信息系统（GIS）数据、工程数据和现实世界的环境数据，使项目团队可以更好地了解项目的环境和地理条件，做出更明智的规划和设计决策。Infraworks 可以生成高度逼真的三维模型，如图 1-25 所示，使项目团队能够直观地查看和理解设计方案。这有助于提高沟通效率，减少误解，从而在项目初期就能识别潜在的问题并进行调整，降低项目风险。Infraworks 内置的一些智能分析工具，可以评估不同设计方案的可行性，帮助项目团队做出科学决策，优化设计方案，节约成本并提高工程效率。

2. Navisworks（仿真、审阅）

Navisworks 是一种协调、仿真和审阅的软件，它能够整合来自不同设计软件的模型，为建筑和基础设施项目的可视化和协调提供强大的工具。由于一个项目往往涉及多个专业和各种设计软件，Navisworks 可以将这些分散的模型整合在一起，并进行协调，这样

图 1-25 Infraworks 所生成三维模型

可以发现可能的冲突和问题，并在施工前就加以解决，避免后期施工阶段的不必要延误和成本增加，如图 1-26 为使用 Navisworks 的 "Clash Detective" 功能对管道铺设进行冲突检查的模拟图，提前发现了设计中的问题，为项目避免了损失。Navisworks 可以模拟施工过程，帮助项目团队理解施工顺序、流程和关键步骤。通过仿真，团队可以优化施工计划，提高施工效率，减少资源浪费，实现更高的工程质量。Navisworks 提供了一种可视化的项目审阅平台，项目相关各方可以在虚拟环境中查看和评估

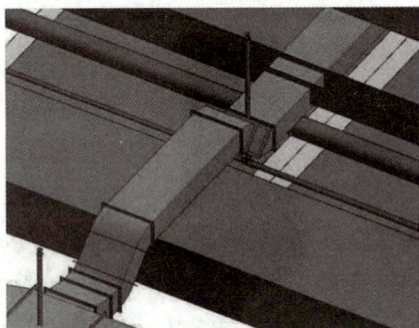

图 1-26 Navisworks 碰撞检查发现
项目潜在问题

项目进展，提供反馈和意见。这有助于促进跨部门和跨团队之间的合作与沟通，从而更好地管理项目风险和进度。

3. Recap Pro（三维扫描）

　　Recap Pro 是由 Autodesk 开发的一款用于三维扫描和点云数据处理的软件，可实现现实场景捕捉。Recap Pro 可以将现实世界中的场景、建筑物或结构扫描成点云数据，生成高精度的三维模型。通过定期对施工现场进行扫描，可以实时监测施工进展，与设计模型进行对比，及时发现偏差和问题。这有助于确保施工质量，及时调整施工计划，避免进度延误和额外成本。将点云数据转换成可视化的三维模型后，可以提供给客户或相关

方审阅和交付。这样的可视化交付方式更加直观，有助于减少误解和沟通障碍，提高客户满意度。图 1-27 为 Autodesk 官网所展示的 Recap Pro 可视化应用案例。

图 1-27 Recap Pro 应用案例

总的来说，Infraworks、Navisworks 和 Recap Pro 等虚拟仿真技术软件在智能化施工中的应用，可以提升项目规划、设计、协调和施工管理的效率和质量，减少项目风险和成本，推动建筑和基础设施领域向更智能化方向发展。

1.3.1 智能化施工设备

智能化施工设备是运用先进的技术和人工智能来实现自主决策和自动化执行施工任务的设备。这些设备在建筑和施工行业中发挥着越来越重要的作用，可以提高施工效率、降低人工成本、减少人员受伤风险，并提供更高的精度，保证施工质量。目前国内外较为广泛使用的智能化施工设备有焊接机器人、智能化塔式起重机、搬运机器人以及抹灰机器人等。

1. 焊接机器人

焊接机器人是一种能够自动执行焊接任务的机器人设备。它们配备了先进的传感器和编程系统，可以根据预先设定的焊接路径和参数，在不需要人工干预的情况下进行焊接工作。焊接机器人广泛应用于建筑结构、钢结构的焊接施工，能够提高焊接速度和质量，并保证焊接的一致性和稳定性。国内以国家体育场、港珠澳大桥、北京大兴国际机场、上海中心大厦等为代表的多个大型钢结构施工过程中均使用了焊接机器人（图 1-28）。

2. 智能化塔式起重机

智能化塔式起重机是一项在建筑工程领域具有重要意义的先进技术，集成了自动化控制系统和先进传感器技术，

图 1-28 焊接机器人

能够实现自主导航和自动化操作。其核心功能在于根据建筑物的结构和要求，自动调整位置和高度，从而实现施工过程的高准确性和安全性。其独特之处在于其高度承载能力和智能化控制系统，使得其在复杂的施工环境下仍能稳定高效地运行。

该智能化塔式起重机配备了先进的自动化导航和精准定位功能，使其能够在复杂多变的工地环境中实现精准导航，确保建筑材料的精准放置和高空作业的安全执行。此外，该起重机还具备自动调整和适应性特点，可以根据实时的建筑进度和需求进行自动调整，为施工工序提供高度的灵活性和适应性。

在高层建筑和大型基础设施工程建设过程中，智能化塔式起重机被广泛应用于搬运建筑材料、安装预制构件以及执行高空作业等重要任务。其应用显著提高了施工效率，同时保障了施工过程的安全性，已成为提高施工安全质量不可或缺的重要技术手段。T7020 型平臂式塔式起重机见图 1-29。

图 1-29　T7020 型平臂式塔式起重机

3. 搬运机器人

搬运机器人是一种能够自动搬运重物和物料的机器人设备。它们通常配备了视觉传感器和路径规划系统，可以根据施工场地的布局和要求，自主进行物料搬运任务。搬运机器人可以减轻工人的负担，提高搬运效率，并降低人员受伤的风险。

如物料运输机器人（图 1-30），具备在施工现场扫描建图、自适应定位、自动导航、主动避障的功能，运输过程中无须人工辅助，支持自动运行、手柄遥控两种行驶方式，较传统场内运输节约人工 50%。

图 1-30　物料运输机器人

4. 抹灰机器人

抹灰机器人（图 1-31）是一种能够自动进行墙面抹灰工作的机器人设备。它们配备了精确的运动控制系统和抹灰工具，可以根据建筑物的墙面结构和尺寸，自主进行抹灰操作，一些大型施工项目如高层建筑、城市综合体等，在墙面抹灰和涂料施工过程中采用抹灰机器人。这些机器人可以准确地控制抹灰厚度和质量，提高施工速度，并为工人创造更安全的工作环境。

其主要作业流程如下：抹灰机器人通过对施工图纸进行三维模型转化，从而自动规划路径、作业信息，利用机器人视觉作业特性进行作业线放设等前置作业后，通过人机

图 1-31　抹灰机器人

协作的方式进行自动化抹灰作业。

　　国内一些科技公司和建筑企业已经开始引入自主研发的抹灰机器人进行墙面抹灰工作，以减轻工人劳动负担，提高施工效率。

　　随着科技的不断发展进步，智能化施工设备在不断地演进和发展，为工程行业带来了许多创新和改进，智能化施工设备将在未来工程建设过程中发挥越来越重要的作用，并带来更高的效率和质量。

1.3.2　智能化测绘

　　在工程建设过程中，测量是重要的一环。通过测量而得出的数据内容，可以为后续施工及规划奠定基础。建筑施工测量的传统测量方法有高程控制法和平面控制法，在实际工程测量中，由于数据在测量的过程中会受到不同因素的影响，出现误差累积，测量精度达不到工程建筑标准要求。特别是随着现代建筑向着"高、大、难"等特征发展，当建筑结构越复杂、建筑总高度越高，存在轴线竖向传递困难、高程控制不准、垂直度难以控制、超高异形建筑外形独特等实际问题，会使得建筑工程测量的难度越大，也会影响到实际的工程测量精度。建筑测量精度要求越来越高，建筑测量对工程质量标准和安全都有重要影响。现代工程建筑更重视工程测量的精度控制，越来越多的高精度测量设备和测量技术应用到工程建筑中。

1. 无人机测绘技术

　　无人机工程测绘是利用无人机进行工程测量和评估的一种新技术。它可以快速、准确、高效地获取工程数据信息，为工程建设提供重要的数据支持。无人机工程测绘的过程是通过搭载相机等传感器的无人机对工程进行飞行，实时采集工程的地理信息和图像数据。通过对数据进行处理和分析，可以获得更加准确和详细的工程地理信息和图像数据。这些数据可以用于工程设计、施工、监测等方面。

无人机工程测绘的应用范围很广，可以用于建筑工程、道路工程、水利工程、电力工程等领域。在建筑工程方面，无人机工程测绘可以用于建筑物的立面测绘、建筑物结构检测、建筑物变形检测等方面。无人机工程测绘的优点在于它可以快速准确地获取工程数据信息，提高工程测量的效率和精度，降低人力和时间成本。同时，无人机工程测绘还可以通过云计算和人工智能等技术对数据进行处理和分析，实现大规模、高效、准确的工程测绘。

在无人机的帮助下，工程测绘将朝着现代化、创新化的目标发展。无人机测绘将为工程建设提供更加全面、准确、高效的数据支持，全面提高工程建设的质量和效率。随着科技的不断发展，无人机工程测绘将会在未来的工程建设和监测中发挥越来越重要的作用。

2. GPS 技术

GPS 就是全球定位系统（Global Positioning System），是美国从 20 世纪 70 年代开始研制的用于军事部门的新一代卫星导航与定位系统。GPS 是以卫星为基础的无线电卫星导航定位系统，它具有全能性、全球性、全天候、连续性和实时性的精密三维导航与定位功能，而且具有良好的抗干扰性和保密性。GPS 技术具有效率高、使用方便、精度高、便于验证等优点，率先在大地测量、工程测量、航空摄影测量、海洋测量、城市测量等测绘领域得到广泛应用，并在很大程度上已经取代了传统工程测量技术，成为当前工程测量技术人员必须掌握的基础性技术。

GPS 测量技术应用范围广，GPS 能够测量三维坐标，提供速度和时间等信息，GPS 测量技术的速度快，对于无论是静态定位还是实时动态定位，GPS 技术的观测时间只用几秒钟，这可以大大提高 GPS 测量工作的效率。GPS 测量技术操作简便，具有全天候工作的优势，可以在任何时间、任何环境下进行测绘工作，扩大了测量工作的范围和时间。GPS 技术对于工程测量领域来说具有革命性的意义，为智能化测量技术发展奠定了基础。GPS 技术应用非常广泛，在建筑工程测量中，GPS 与激光测量一起运用，用于确定建筑物的位置、变形、水准点、高度和基础边界等内容，可以有效地提高测量的精度。

3. BDS 技术

BDS 就是北斗卫星导航系统（Beidou Navigation Satellite System），是中国自行研制的全球卫星导航系统，也是继 GPS、GLONASS 之后全球第三个成熟的卫星导航系统。北斗卫星导航系统由空间段、地面段和用户段三部分组成，可在全球范围内全天候、全天时为各类用户提供高精度、高可靠定位的导航及授时服务。

BDS 工作原理与其他导航系统类似，在建筑工程中可以用于垂直度精准控制、动态变形监测、建立建筑施工控制网、施工基准传递复核等方面，为工程施工测量提供精准的测量基线。工程建设过程中也可以利用 BDS 高精度服务，结合遥感、大数据等多种技术，可以实现对工地的工程车辆、塔机、深基坑、工程建设质量等实施精准监管，规范了建筑市场秩序，保证了工程质量。

通过使用BDS、各种传感器、数传终端等物联网手段获取工程施工过程信息，上传到云平台，保证数据安全，并用BDS和BIM技术对工程进行模拟，减少施工失误和重复施工，并将此数据在虚拟现实环境下与物联网采集到的工程信息进行数据挖掘分析，提供过程趋势预测及专家预案，通过手机、报警器等终端把重要信息传递给相关人员，实现工程可视化智能管理，以提高工程管理信息化水平，改善施工工程质量。

1.3.3 智能化管理

1. 智能化施工装备集成平台系统

随着科技发展，智能建造领域诞生了以"空中造楼机"为代表的系列化新型施工装备集成平台，实际是一座高空立体建造工厂。在这座可以爬升的移动工厂内，建设者能完成结构及外立面装饰的所有工序，形成了全天候的工厂化作业环境，显著提升了高层建筑施工现场的工业化建造水平。智能化施工装备集成平台系统（图1-32），实现超高层建造大型塔机等设备直接运用于施工平台，与传统建造方式

图1-32 智能化施工装备集成平台系统

相比，施工安全系数与设备有效使用时间大幅提升，建筑垃圾及施工污染有效减少。与平台配套研发的智能监控预警系统一起，全方位实时监控平台应力、平整度、风速、温度等信息，确保了平台安全。该平台技术已先后在武汉中心（438m）、华润深圳湾国际商业中心（400m）、武汉绿地中心（636m）、北京中信大厦（528m）、沈阳宝能环球金融中心（565m）、成都绿地中心（468m）等多座摩天大楼中得到成功应用，既提高了施工效率，缩短结构施工工期（单个项目节约工期3~6个月），又节约了设备设施投入，同时也提高了施工的安全性、应对复杂结构的适应性、工业化及绿色施工水平，经济和社会效益显著。

2. 同步切割灌注混凝土地下连续墙施工装备

地下连续墙施工工艺利用各种挖槽成槽机械，借助于泥浆的护壁作用，在地下挖出窄而深的沟槽，并在其内浇筑适当的材料形成一道具有防渗、挡土或承重功能的连续地下墙体。传统地下连续墙施工一般需泥浆，污染环境，有些地质条件还需槽壁加固，地下连续墙的防渗也一直是个难题。同步切割浇筑混凝土连续墙施工装备可克服以上缺点，无须泥浆介入，无须加固槽壁，同时也很好地解决了防渗问题。同步切割灌注混凝土地下连续墙施工装备属于地下空间智能建造装备，颠覆传统地下连续墙分段施工工艺，形成真正无缝连续的地下钢筋混凝土墙体，可实现地下连续墙安全、绿色、高效施工，引领地下连续墙施工工艺与技术革新（图1-33）。

3. 单塔多笼循环运行施工电梯

单塔多笼循环运行施工电梯属于高层建筑智能建造装备，用于施工现场人员和材料的垂直运输。打破了施工电梯行业几十年来在单个导轨架上最多运行 2 部梯笼的技术局限，实现多部梯笼在单根导轨架上循环运行，垂直运输能力和工效成倍提升。单塔多笼循环运行施工升降机可实现在单个施工升降机导轨架上循环运行多部梯笼，拥有梯笼高空旋转换轨、群控调度、竖向卸载附着、

图 1-33　同步切割灌注混凝土地下连续墙施工装备

多级安全保障四大技术，解决了常规施工升降机运行效率低、空间占用多、影响建造总工期等问题。单导轨垂直运输能力提升 2~5 倍，可满足超高层建筑施工垂直运输需求，显著缩短整体建造工期。单塔多笼循环运行施工电梯已经在武汉、深圳、西安、杭州等多个工程项目成功应用，推动了建筑起重机行业的智能制造水平，引领了建筑施工技术的可持续发展（图 1-34）。

4. 悬挂式智能布料机器人

悬挂式智能布料机器人（图 1-35）属于混凝土工程智能布料设备，可搭载于"造楼机"等作业平台，具备自主换向、自主路径规划、实时检测避障、高精度浇筑等功能。

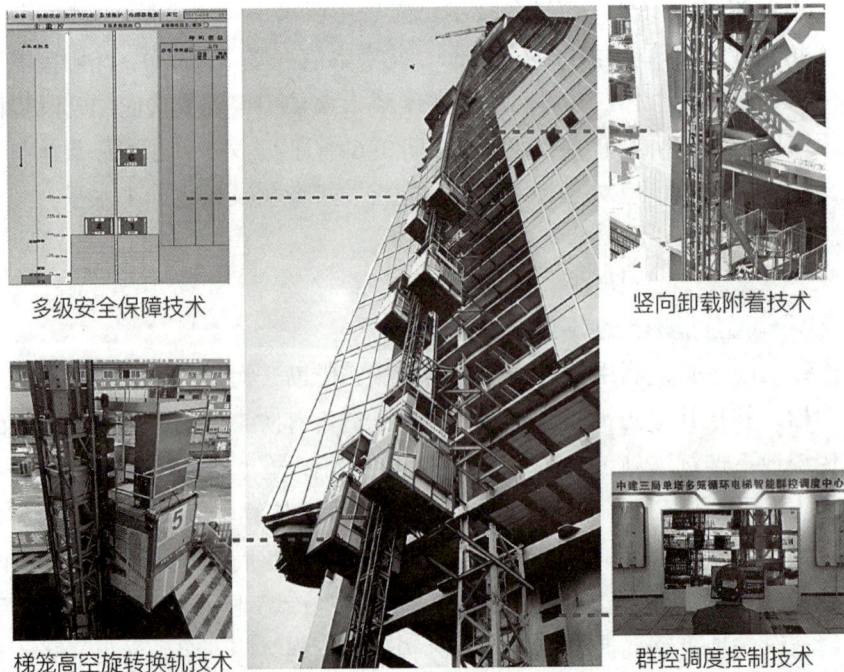

多级安全保障技术

竖向卸载附着技术

梯笼高空旋转换轨技术

群控调度控制技术

图 1-34　单塔多笼循环运行施工电梯

图 1-35　悬挂式智能布料机器人

该机器人具备布料路径自主规划、布料过程离线仿真障碍物自动规避、工作状态实时监测等功能，采用悬挂式布局、集约化设计和智能化控制等手段，实现"造楼机"场景下的高效集成应用，有效解决常规布料机存在的作业效率低、人员投入多和劳动强度大等问题。悬挂式智能布料机器人以 BIM 模型为基础，进行布料区域及可达范围自动分析、布料路径智能规划、布料过程离线仿真，并根据优化结果进行智能布料，无须人工扶泵，减少作业人员 50% 以上；可以针对墙、梁、板、柱等不同构件，实现精准分区布料，末端定位精度达到 5cm 以内。还能对每层浇筑厚度进行精准控制，减少二次抹平工作量，严格按照施工规范分层浇筑，提高布料效率 40% 以上。通过设置障碍物探测传感器碰撞预警系统、力矩约束装置等多重安全保护措施，实现了现场高效安全浇筑作业。

5. 钢结构智能装备平台

钢结构智能装备平台形式多样，功能也一应俱全，其结构最大的特点是全组装式结构，设计灵活，可根据不同的现场情况设计并制造符合场地要求、使用功能要求及满足物流要求的钢结构平台，通过钢结构智能切割、搬运、焊接、表面处理等全工序的智能装备，实现建筑钢结构工厂制造＋现场安装全生命周期的智能建造。依托数字工厂大数据物联网数字模拟，建立云端数采分析模拟系统，与物联网数据传输采集技术相融合，达成钢结构生产车间智能产线实时生产数据的反馈与虚实模拟。结合制造安装一体化数字化管理平台，贯通从工厂预制到现场施工的全流程数字化管理。钢结构智能装备平台（图 1-36）与传统施工方式相比，可减少人员高空作业风险，并大幅缩短工期，提升施工效率超 20%。

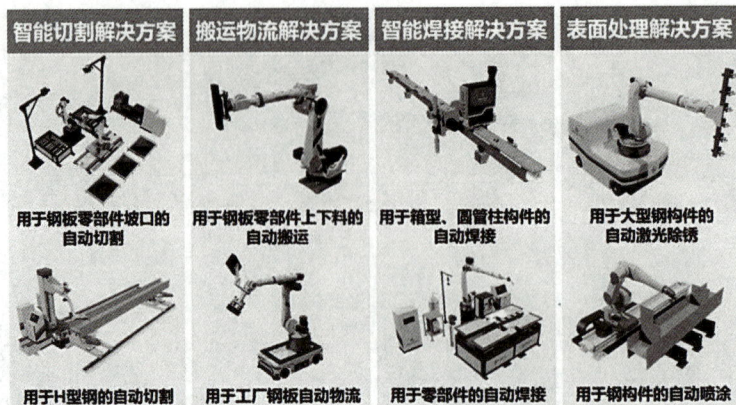

图 1-36　钢结构智能装备平台

6. 智慧工地可视化管理平台

科技发展给工程施工现场管理带来了重要变革，信息化手段、移动技术、智能穿戴装备及工具在工程施工阶段的应用不断提升，搭建可视化管理平台的智慧工地在实现绿色建造、引领信息技术应用、提升工程项目管理效率等方面具有重要意义。

智慧工地可视化管理平台（图 1-37）通过智能化技术手段，围绕施工过程管理，建立互联协同、智能生产、科学管理的施工项目信息化生态圈，并将此数据在虚拟现实环境下与物联网采集到的工程信息进行数据挖掘分析，实现工程施工可视化智能管理，从而实现智慧建造、绿色建造和生态建造。

可视化管理平台利用物联网技术，传感器和监控摄像头等设备能够对这些数据进行实时采集，并将其传递至云服务器进行分析和处理。可视化管理平台的主要功能涵盖施

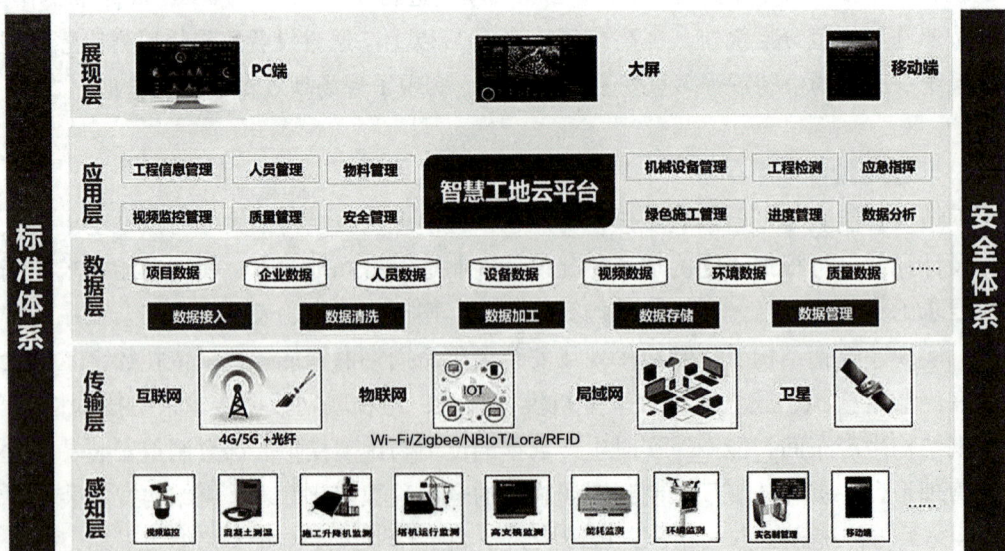

图 1-37　智慧工地可视化管理平台

工环境监测、设备状态监测、智能门禁系统、智能安全帽、智能巡检、自动预警、电子围栏、生产管理等方面的内容。可视化管理平台基于数字孪生技术和其他智能技术，针对建筑工程施工过程，进行实时监测、分析和管理，通过网络平台和可视化界面从多个角度实时收集、分析和展现施工场地的数据，帮助管理人员进行决策和规划，不仅提高了施工的生产效率和工程质量，而且也增强了现场安全管理和环保风险防范能力，有助于推进绿色建筑和可持续发展的实现。

本章小结

　　智能化施工正在以前所未有的速度改变着这个世界，要抓住信息化技术带来的转型机遇，加强对智能化施工技术的研发和运用，充分发挥智能化施工的优势，从实际问题出发，一步一个脚印，在解决问题的同时，不断提升智能化施工水平。增强项目建设的绿色环保效果，实现资源高效利用和可持续发展；提高项目建设的品质与效率；要使使用者的个人需要与一般的社会需要相结合；提高已交付项目的技术水平，提高项目的实用性，提高项目的整体寿命；对推动国家建筑业发展具有十分重要的意义。

思考与习题

　　1-1 智能化施工技术对于现代建筑产业的发展有何重要意义？请讨论智能化施工如何促进建筑行业的工业化和现代化，并提出对未来智能化施工技术的展望。

　　1-2 智能化施工技术在解决当前我国建筑业面临的问题方面具有哪些潜在的优势？请探讨如何推广和应用智能化施工技术，以实现环境效益、社会效益和经济效益的全面提升。

第 ② 章

深基础工程智能施工

本章要点

1. 了解混凝土预制桩和灌注桩的传统施工方法；
2. 掌握常用桩基础的施工工艺；
3. 掌握基坑变形可视化监控与预警技术。

教学目标

1. 学习和理解桩基础的基本概念；
2. 清楚并了解桩基础传统施工工艺的主要优势和不足；
3. 清楚并了解深基础工程智能施工的优势及发展方向。

案例引入

基坑坍塌事故的思考

2019 年 4 月 10 日，扬州某拆迁安置小区项目未按设计要求进行放坡，并且违规开挖集水坑导致基坑局部坍塌，事故共造成 5 人死亡，1 人受伤，直接经济损失六百余万元。同年 11 月，郑州市某广场三期在建工地发生基坑坍塌事故，现场 3 名工人被埋死亡，1 名工人受轻伤。这样的例子举不胜举。基坑坍塌不仅引起经济损失，还会造成人员伤亡。基坑工程事故频发的原因大多与监测不完善和险情预警不及时有关。如何降低基坑工程事故发生的概率？智能化技术方法的应用是一个有效途径。

2.1 深基础工程传统施工技术

2.1.1 混凝土预制桩传统施工技术

混凝土预制桩具有制作工艺简单、施工速度快、承载能力高等特点，因此在工程中被广泛使用。目前常见的混凝土预制桩有预制方桩和预应力空心管桩。其中，预制混凝土方桩可在现场制作，预应力混凝土空心管桩需要在工厂中生产。下面介绍混凝土预制方桩的制作及沉桩过程。

1. 桩的制作

制作预制方桩的混凝土强度等级不宜低于 C30，方桩截面边长不应小于 200mm，保护层厚度不宜小于 30mm。制作预应力实心桩应采用强度等级不低于 C40 的混凝土，且桩的截面边长不宜小于 350mm。

当桩中纵筋直径小于 20mm 时，采用对焊或电弧焊进行钢筋连接；当桩中纵筋直径大于 20mm 时，采用机械连接。在桩顶和桩尖布置的箍筋应加密处理。当采用锤击法打桩时，桩顶应布置钢筋网片。

浇筑混凝土应由桩顶向桩尖连续进行，不应中断。浇筑完成后要及时养护。采用叠浇法浇筑时，桩的重叠层数不宜超过 4 层，且上层桩应在下层桩的混凝土达到设计强度的 30% 以上时方可浇筑。

2. 桩的起吊、运输和堆放

桩身混凝土强度不小于混凝土设计强度的 70% 时方可起吊，达到设计强度的 100% 时方可运输和打桩。若需提前起吊，须经验算，且应采取相应措施。吊点位置及数量由理论计算确定。常见吊点位置见图 2-1。

3. 桩的堆放

堆放桩的场地需平整、坚实，且应具有良好的排水能力。在施工现场允许的情况下，宜单层堆放预制桩。若必须叠层堆放，叠放层数根据桩的外径确定，一般不宜多于 4 层，且桩与桩之间应设置 2 道垫木，并用木楔将底层最外边缘的桩塞紧。不同规格、不同材质的桩应分别堆放。

4. 预制桩沉桩

预制桩沉桩的方法有锤击法、静压法、振动法和水冲法等。其中，锤击法和静压法应用较多。

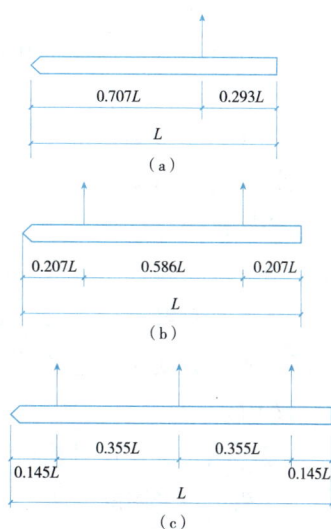

图 2-1 桩的吊点位置

（a）一点吊；（b）两点吊；（c）三点吊

1）锤击法

锤击法又称打入法，是利用机械（打桩机）将预制桩打入土中的一种方法。打桩机和施工方法对锤击法至关重要。下面对打桩机和锤击法施工方法进行介绍。

（1）打桩机

打桩机由桩锤、桩架和动力装置三部分组成，利用桩锤产生的冲击力能将预制桩沉入土中。

①桩锤

常用的桩锤有落锤、单动气锤、双动气锤、柴油锤、振动桩锤和液压锤等。桩锤的选用应综合考虑地质条件、施工条件及桩的属性等因素。选择桩锤时还应遵循"重锤低击"的原则，桩锤重量一般为桩重的 1.5~2 倍。

②桩架

悬吊桩锤的装置称为桩架，同时其能为桩锤提供导向及吊桩的作用。桩架可在一定范围内移动。打桩机常用桩架有多功能桩架和履带式桩架。

（2）打桩施工

①打桩顺序

打桩顺序至关重要，其合理与否将影响打桩速度、打桩质量及周围环境，甚至会引起安全事故。当桩群密集时，采取由中间向两边（图 2-2a）或由中间向四周施打的方法（图 2-2b）。为减小后打入的桩对先打入的桩的影响，打桩时应考虑设计标高和桩的几何尺寸的影响。

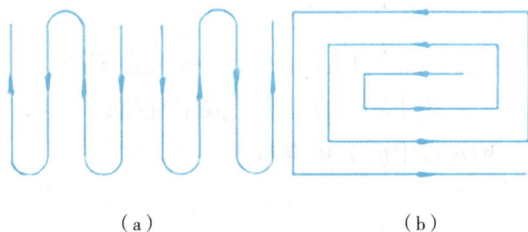

（a）　　　　　　　　　　　（b）

图 2-2　打桩顺序

②打桩方法

为使桩锤对桩头的冲击小，回弹小，保护桩头，提高打桩效率，应根据"重锤低击"的原则进行沉桩。打桩过程中，应仔细观察贯入度（贯入度是指表征桩体进入土中的深度）变化，并详细记录。若贯入度在打桩过程中发生剧变，说明发生异常情况，此时应采取相应处理措施。

③接桩

当桩较长时，无法将整桩一次打入，则需分段施打并接桩。常用的接桩方法有焊接、法兰螺栓连接和浆锚连接。除此以外，近年来机械快速连接接桩方法得到快速发展，其优点是施工速度快、连接强度高等。

2）静压法

静压法是利用压桩机的自重将预制桩逐节压入土中的一种打桩方法。对于较软弱土层的场地，宜采用静压法。

与锤击法相比，静压法完全消除了桩锤的冲击过程，因此该方法具有无噪声、对环境影响小、施工场地整洁等优点。该方法的缺点是压桩设备重量大，对施工场地要求较高。

静力压桩机根据动力方式不同分为机械式与液压式两种。机械式静力压桩机只能压桩不能拔桩。液压式静力压桩机既可压桩也可拔桩。图 2-3 为液压式压桩机。

3）振动法

振动法是靠振动锤（图 2-4）将桩沉入土中的一种施工方法。振动锤与桩连接，并给桩施加高频振动，从而可减小沉桩阻力。该法的优点是效率高且费用低、结构简单、维修方便。其缺点是耗能大且产生噪声污染。

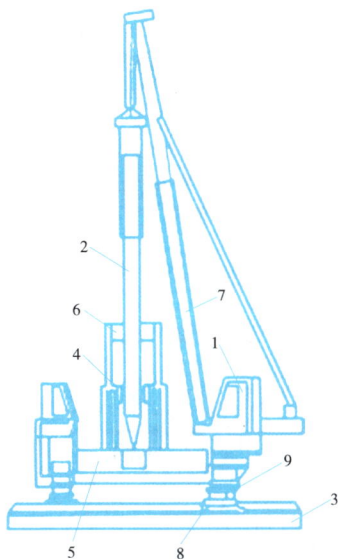

图 2-3　液压式压桩机

1—操纵室；2—桩；3—支腿平台；4—导向架；5—配重；6—夹持装置；7—吊桩拔杆；8—纵向行走装置；9—横向行走装置

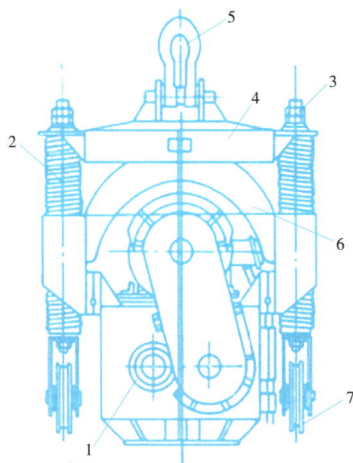

图 2-4　振动锤

1—振动器；2—弹簧；3—竖轴；4—横梁；5—起重环；6—吸振器；7—加压滑轮

2.1.2　灌注桩施工技术

灌注桩是一种原位挖钻成孔后放入钢筋笼并灌注混凝土而制成的桩。该方法对混凝土强度和配筋要求不高。除此以外，灌注桩还具有适应性强、无振动、噪声小等优点。按成孔方式，灌注桩可分为干作业成孔、泥浆护壁成孔、套管成孔、人工挖孔灌注桩等。

1. 干作业成孔灌注桩

干作业成孔灌注桩是在不使用泥浆或套筒护壁的情况下，直接成孔的一种灌注桩。目前，常用螺旋钻机（图 2-5）进行干作业成孔。该设备通过旋转螺旋叶片进行削土和排土至孔外。螺旋钻孔机的钻头有锥式钻头、平底钻头及耙式钻头等（图 2-6），根据不同土质，选择合适钻头。

2. 泥浆护壁成孔灌注桩

泥浆护壁成孔属于湿作业成孔，当地下水位较高时采用该方法，可以降低地下水渗流导致孔壁坍塌的风险。泥浆护壁常用的成孔机械有旋挖钻机、回转钻机、潜水钻机和冲击钻机等。泥浆护壁成孔灌注桩施工流程如图 2-7 所示，设备布置如图 2-8 所示。

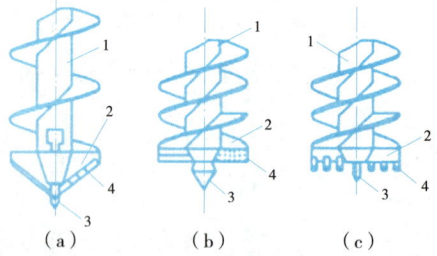

图 2-6　螺旋钻头

（a）锥式钻头；（b）平底钻头；（c）耙式钻头
1—螺旋钻杆；2—切削片；3—导向尖；4—合金刀

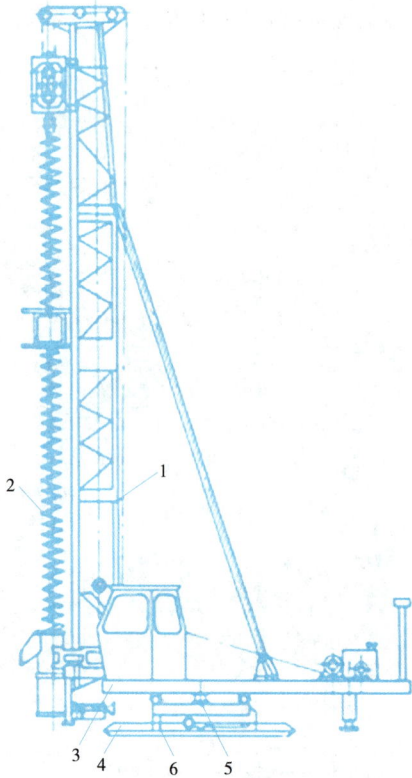

图 2-5　螺旋钻机

1—立柱；2—螺旋钻；3—上底盘；4—下底盘；
5—回转滚轮；6—行车滚轮

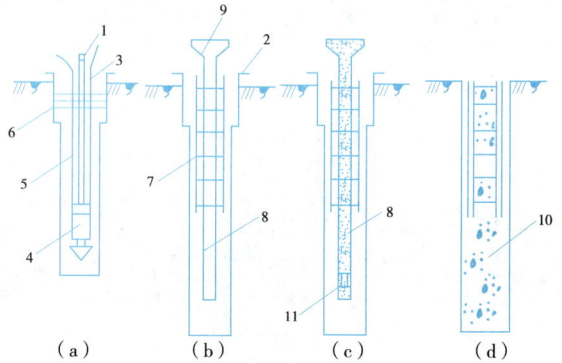

图 2-7　泥浆护壁成孔灌注桩施工流程

（a）埋护筒、注泥浆、水下钻孔；（b）下钢筋笼及导管；
（c）水下浇筑混凝土；（d）成桩
1—钻杆；2—护筒；3—电缆；4—潜水电钻；5—输水胶管；
6—泥浆；7—钢筋骨架；8—导管；9—料斗；10—混凝土；11—隔水栓

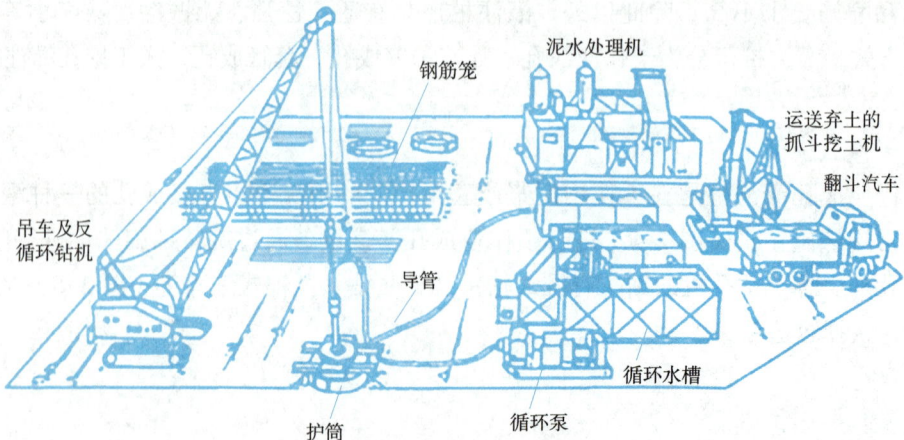

图 2-8　泥浆护壁成孔灌注桩设备布置

泥浆护壁成孔灌注桩的施工过程为：埋设护筒→泥浆制备→成孔→泥浆循环排渣→清孔→水下浇筑混凝土。在此过程中，泥浆的作用主要有护壁、排渣和冷却钻头等。成孔的方法有挖孔、钻孔、冲孔等。

3. 沉管灌注桩

沉管灌注桩首先利用锤击法或振动法将带有桩尖（桩靴）的钢管打入土中至要求深度，此时形成桩孔，然后将钢筋笼放入桩孔内，最后边浇筑混凝土边拔管成桩。该方法的优点是施工效率高、操作简单、相对经济。缺点是施工噪声大，隐蔽性强。图 2-9 为沉管灌注桩施工流程。

按沉管方式的不同，沉管灌注桩可分为锤击沉管灌注桩、静压沉管灌注桩和振动沉管灌注桩等。其中，锤击沉管灌注桩的施工工艺主要包括：桩机就位→锤击沉钢管→放钢筋笼浇筑混凝土→拔钢管。

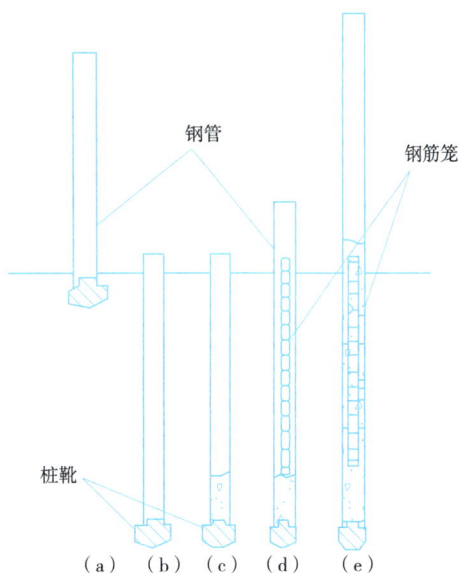

图 2-9 沉管灌注桩施工流程
（a）就位；（b）沉套管；（c）初灌混凝土；
（d）放钢筋笼、灌注混凝土；（e）拔管成桩

2.1.3 其他深基础施工

1. 地下连续墙施工

地下连续墙，也称为地连墙或连续墙，是一种在地下建设的连续墙体。地下连续墙主要用于防渗、挡土和承受垂直荷载等。地下连续墙的优点包括：墙体刚度大、整体性好、施工速度快、对周围环境影响小等。但是，地下连续墙的施工难度较大，需要严格控制施工质量，否则容易出现渗漏、开裂等问题。此外，地下连续墙的造价较高，需要根据实际情况进行经济比较后确定是否采用。

地下连续墙的施工过程首先开挖一定长度的槽段，该过程需要在泥浆护壁条件下进行，当开挖至设计深度并清渣后插入接头管，将钢筋笼放入沟槽内。最后通过导管浇筑混凝土，待混凝土初凝后拔出接头管，一个单元长度的钢筋混凝土墙即施工完毕（图 2-10）。如此反复即构成了一个连续的地下钢筋混凝土墙。

地下连续墙在成槽之前首先要按设计位置设置导墙。导墙的作用是挖槽导向、防止槽段上口塌方、存蓄泥浆，作为测量的基准，深度一般 1~2m，顶面高出施工地面，防止地面水流入槽段。导墙内侧墙面间距为地下连续墙设计厚度加施工余量（40~60mm）。导墙多为现浇钢筋混凝土结构，形状有"L"形或倒"L"形，墙背侧用黏性土回填并夯实，防止漏浆。

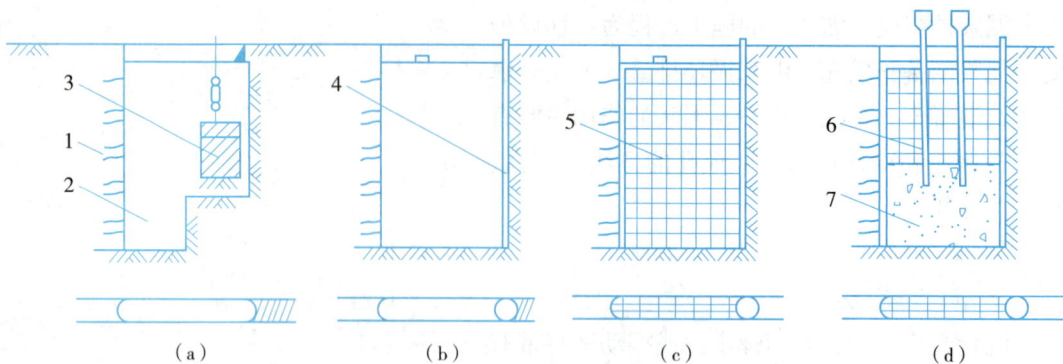

图 2-10　地下连续墙施工过程示意图

（a）挖槽；（b）插入接头管；（c）放入钢筋笼；（d）水下浇筑混凝土
1—已完成的槽段；2—泥浆；3—成槽机；4—接头管；5—钢筋笼；6—导管；7—浇筑的混凝土

2. 墩式基础施工

墩式基础是在人工或机械成孔的大直径孔中浇筑混凝土或钢筋混凝土而成，在此仅以人工成孔为例进行介绍，其构造如图 2-11 所示。

人工成孔的优点是：设备简单，噪声小，振动小，对施工现场周围的原有建筑物影响小；施工速度快，工期紧张时，可多孔同时开挖；特别在施工现场狭窄的市区修建高层建筑时，更显示其特殊的优越性。但由于工人在井下作业，施工安全应予以特别重视，要严格按操作规程施工，制订可靠的安全措施。

人工成孔墩式基础施工工艺过程如下：（1）按设计图纸进行测量放线，确定基础位置和尺寸。（2）开挖土方。（3）在模板顶放置操作平台。（4）浇筑护壁混凝土。（5）拆除模板继续下一段的施工。（6）排除孔底积水，浇筑墩身混凝土。

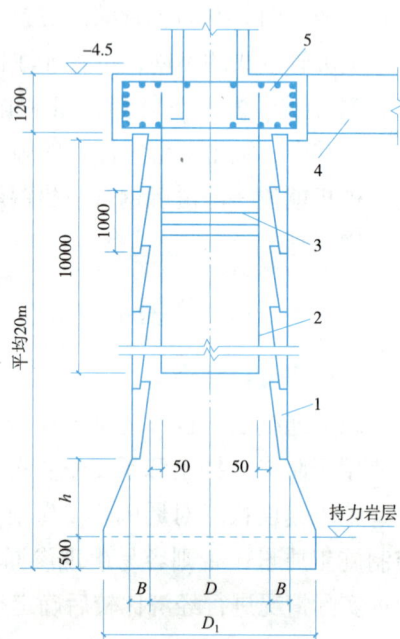

图 2-11　人工成孔墩式基础构造图

1—护壁；2—主筋；3—箍筋；4—地梁；5—墩帽

2.2　深基础工程智能化施工

2.2.1　预应力混凝土管桩自动化生产技术

预应力混凝土管桩是采用先张预应力离心成型工艺，并经过 10 个大气压（1.0MPa左右）、180℃左右的蒸汽养护，制成一种空心圆筒型混凝土预制构件，节长 5~15m，直径 300~800mm。其具有承载力强、变形小、施工周期短、适应性强等特点，目前广泛应用于桥梁工程、建筑工程、地基处理、海洋工程、岩石工程等。其一般在工厂自动化生产，主要步骤如下。

1. 钢筋笼加工

预应力混凝土管桩使用的筋材包括钢绞线和钢棒（PC 钢棒）等，其中钢棒的抗拉强度不小于 1420MPa，屈服强度不小于 1275MPa，伸长率不小于 5%。筋材通过自动加工设备进行调直、切割等处理。调直、切割后的钢筋插入自动墩头机中制作墩头，然后插入钢质圆盘进行临时固定（图 2-12），最后由滚焊机进行自动焊制成钢筋笼。

（a）

（b）

（c）

（d）

图 2-12 钢筋笼自动生产过程

（a）钢筋下料；（b）墩头；（c）临时固定；（d）自动焊接

2. 清模装笼

制作预应力混凝土管桩的模板为钢模（图 2-13）。装放钢筋笼之前应将钢模清理干净、无锈蚀，并适当刷脱模剂。在编制好的钢筋笼两端套上钢端板并装上用以张拉用途的模具配件，放入半开的模具里。

（a）

（b）

图 2-13　钢模

（a）钢模清理；（b）放入钢筋笼

3. 布料、合模

预先设定混凝土配合比例，全自动化搅拌机透过电子磅确认水、水泥、细砂、碎石、减水剂的数量并进行搅拌。混凝土从搅拌站运往投料站，自动化浇灌机器前后移动，确保混凝土均匀分布（图 2-14）。

混凝土布料完成后，吊车吊起模具另一半，进行封闭合模（图 2-15）。合模前用钢铲将料铲起堆好，清理干净两侧模边和套箍表面，放好挡浆草绳，合上模盖，用风炮拧紧螺栓。

图 2-14　混凝土布料

图 2-15　合模

4. 施加预应力

管桩厂采用高性能张拉仪和移动千斤顶对管桩施加预应力（图 2-16）。高性能张拉仪可以上下调节，使张拉杆、管模中心成一水平线。张拉完毕后以螺母固定张拉长度。

5. 离心成型

将装有混凝土浆料的模具绕桩轴旋转（图 2-17），通过离心作用使混凝土挤密成型。离心成型分五个阶段：低速—低中速—中速—中高速—高速。生产时按管桩规格、离心机型号控制离心机。离心后的管桩需轻吊、轻放进入养护池。

图 2-16 施加预应力

图 2-17 离心成型

6. 蒸养养护

蒸养池（图 2-18）为混凝土砌成的大池子，将离心成型后的管桩连带模具放入，做到轻拿轻放，严禁碰撞，上小下大，上短下长原则堆放，盖上混凝土盖板，进行常压蒸养，确保混凝土达到足够的强度。

7. 放张脱模

管桩当达到蒸养时间后，将钢模调出。拆掉两侧的固定螺栓，通过桁架吊车进行脱模（图 2-19）。管桩脱模时混凝土强度不得低于 C40。

图 2-18 蒸养池

图 2-19 脱模

8. 蒸压养护

将脱模后的管桩再进入高压釜（图 2-20）进行高温蒸汽养护，最高温度为 180~200℃，饱和蒸汽压力为 1.0MPa，养护时间 8~12h，使混凝土强度达 80MPa 以上。完成养护的预制桩按相关标准进行检验。检验完好的成品桩按照桩型、长度，整齐放入堆场。

图 2-20　高压釜

以上便是预应力混凝土管桩生产制作过程。自动化生产线的应用大大提高了预应力管桩的生产效率和质量，减少了人工操作和工期，降低了生产成本。同时，自动化生产线配备先进的智能化管理系统，能够实时监控生产过程中的各项参数，如温度、湿度、转速等。通过数据分析和预测，智能化管理系统可以自动调整生产参数，确保生产过程的稳定性和产品质量的一致性。除此以外，智能化管理系统还可以实现生产计划的自动排程和调度，提高生产效率和资源利用率。

2.2.2　桩基础工程智能化施工技术

1. 物联网技术在桩基础施工中的应用

近年来，借助物联网和人工智能技术构建智慧工地开始兴起，逐渐在工程现场的安全、质量、成本、环境与健康等方面的精细管理与智能决策中发挥作用。例如，基于物联网的建筑工地未授权闯入监测系统和建筑工人安全监测系统用于保障工地安全，减少意外伤亡事故发生。又如一些智能传感设备用于检测水泥搅拌机和起重机等工地常见设备的超负荷工作和静力压桩机吊装过载安全监控，保障了设备安全使用。下面以静力压桩施工监测系统为例，介绍互联网技术在其中的应用。

图 2-21 为桩基础智能监测系统，其中压桩始末检测器通过蓝牙上传信号，压桩行程检测器和接桩电流检测器通过 LoRa 无线通信将传感数据发送到位于工程项目部的 LoRa 网关，再通过互联网和 MQTT 协议传输至云服务器，定位设备通过 4G/5G 网络和 TCP 协议将数据传输至云服务器；云服务器包含 Web 服务器、MQTT 服务器和 MySQL 数据库，实现数据融合计算和持久化，微信小程序则进行数据可视化和异常报警等。

桩基础智能监测系统还可实现接桩冷却时间检测。冷却时间为电焊机停止工作后开始计时，直至检测到油泵开始工作的这段时间。当用于接桩冷却时间检测时，通过霍尔传感器（图 2-22 和图 2-23）监测油泵和电焊机的工作电流变化情况，获取这些设备的启停信号，并计算出接桩冷却时间，如果该时间小于 8min，蜂鸣器将提醒施工人员，并在监理人员的微信小程序上报警。

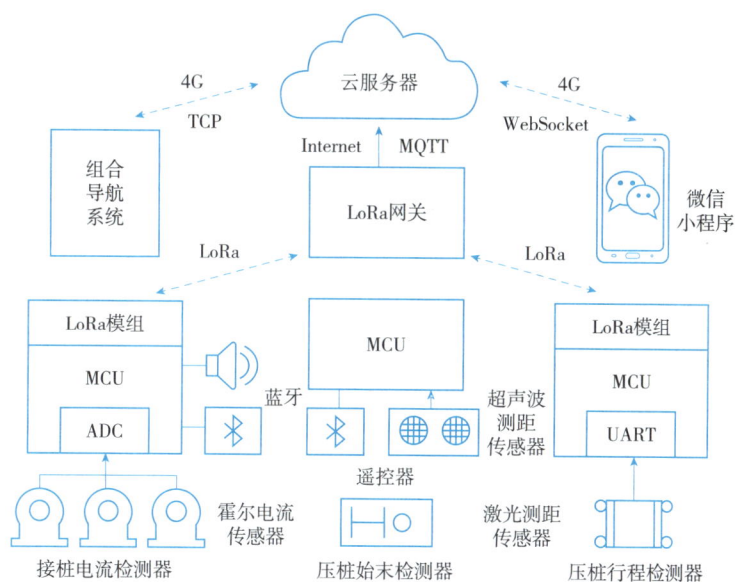

图 2-21 桩基础智能监测系统

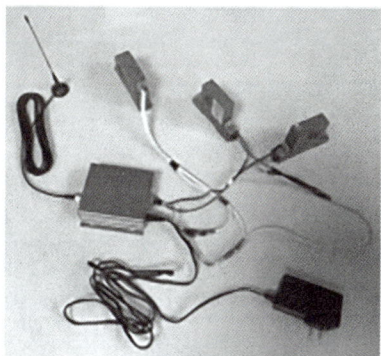

图 2-22 霍尔传感器 　　图 2-23 霍尔传感器安装图

2. BIM 技术在桩基础施工中的应用

在桩基础施工过程中，复杂的地质条件直接影响到桩基础的施工质量及承载力。由于地质勘察报告无法较为详细描述地下土层的全部情况，使得目前尚无较好的方法直观判断入岩深度、桩长设计等问题。

BIM 技术的应用，可将地质勘察报告或相近工程的地质情况直观表达在地质模型中，对施工中的技术交底及质量控制提供依据和评判手段。针对项目复杂地质情况，运用BIM 技术建立地形模型，进行地质情况直观分析，并利用 BIM 技术参数化特点出具模型设计桩长，为项目桩基施工提供参考。其具体优势如下。

1）桩基施工前的可视化技术交底

项目施工现场工作人员文化水平参差不一，工人对图纸的理解能力有限。往往只能听从管理人员的指示进行作业操作，自己本身对工程的理解不够深刻，现场施工时很有可能因为理解不当而引发危险错误，产生严重的质量问题。

在正式的施工作业前，将施工管理人员和作业人员集中在项目部会议室。运用投影设备对整个桩基工程进行三维展示，对施工过程中的质量控制要点、危险因素等施工信息进行详细讲解，使施工人员充分了解施工方案、施工质量控制要点及安全防护措施，实现技术交底可视化。

通过多角度、全方位、动态化的模型展示，工作人员可以对现场情况有更加直观、全面的认识，也方便工人对施工作业的理解，提高现场生产效率。例如，运用BIM技术三维可视化特点，可在施工前分析出桩基施工不利地质情况，并可在桩基施工前对施工班组进行三维交底预警，制定合理桩基施工方案，选用合适的桩基施工机械及施工方法，保证桩基施工质量。

2）辅助桩长设计

建立基于地质模型的桩基模型，利用BIM参数化技术导出桩基设计桩长，结合桩基施工班组出具的施工设计桩长，共同作为桩基施工设计桩长的判断依据。通过建立的桩基三维模型，如图2-24所示，可以清晰直观地判断每根桩的入岩情况。对每根工程桩施工要求等进行详细交底，有助于项目管理人员对每根工程桩的入岩深度等施工要求有更清晰的认识与理解。

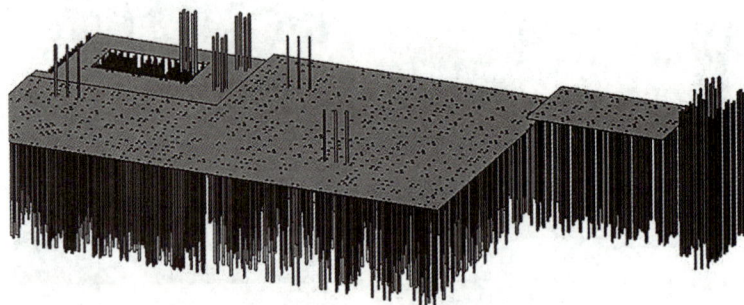

图2-24　桩基础三维模型

3）模型设计桩长动态反馈

桩基施工过程中，施工实际桩长同设计桩长有一定偏差；采集偏差较大的已施工完成桩基实际桩长、入岩深度数据，运用BIM参数化手段录入模型，真实反馈地勘报告勘探不足部位地质基岩位置情况，形成新的地质模型。对还未施工的桩基模型设计桩长进行修正，为桩基施工提供参考。

4）钢筋制作与安装质量检查

在灌注桩基施工过程中，钢筋检查是极为重要的一环，桩基钢筋笼制作、焊接和安装都较为复杂，在传统的施工监督过程中，监督管理人员需要携带大量的图纸、图片集等相关资料去现场对钢筋的规格、型号、数量、制作与安装质量进行核验。对钢筋焊接及安装情况进行系统地排查并计算相关数据，质量监管效率十分低下。在前期钢筋材料进场时，利用BIM模型直接导出钢筋用量明细表，通过其与进场材料表的比对，可以查看钢筋的规格、型号、数量、直径等数据的偏差。在钢筋笼吊放前，可以运用 BIM 三维模型对整个安装吊放过程进行模拟演练。通过调整相关参数，暴露出钢筋制作与安装过程中的隐患位置，进行有针对性地检查与控制，节省了查看图纸和计算的时间，有效提升了质量监督的工作效率。

5）工程量统计

传统桩基施工的工程量核算需要技术人员对照图纸进行人工核算，工程量极大，工作效率不高。而通过建立的三维模型，可逐个统计出每根桩基于三维模型的预估桩长，形成统计表，可快速、准确地计算出相应工程量。对于灌注桩，通过软件内置公式直接计算出每根桩的体积，即每根桩的混凝土理论用量，然后输入实际用量与之对比，由此可以实现对材料与成本的精确控制。除此以外，通过对材料计划用量与实际用量的对比，计算出各分区、节点处的计划工程量和实际完工量及偏差量，使项目管理人员能够及时掌握工程实时完成情况，发生较大偏差时及时采取纠偏措施进行调整，保证施工质量。

与此同时，通过将现场工程师反馈的施工数据录入桩基模型中，可以将相关文件直接关联到桩基模型建立数字信息库，使得项目管理人员可以通过 BIM 模型检索相关信息，甚至可视化所需的信息资料，有需要时可以通过软件直接一键导出每根桩的数据明细（图 2-25），较大程度地节省了桩基阶段数据资料管理时间，便于资料检查与交接，极大地提高了质量文件管理的工作效率。

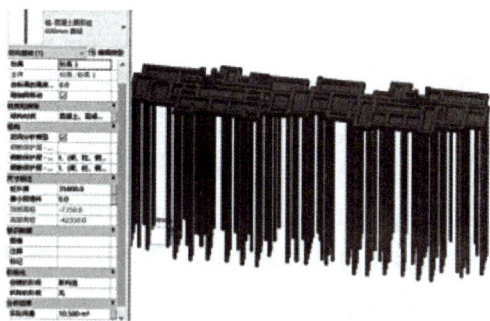

图 2-25　桩基信息明细

3. 智能定位系统在桩基础施工中的应用

钻孔灌注桩的测放定位，通过采用卫星定位技术解决。该技术可兼容多个卫星定位体系，包括中国北斗定位技术、美国 GPS 定位技术、俄罗斯 GLONASS 定位技术，为提高卫星定位技术精度，引入实时载波相位差分定位技术，实时处理两个测站载波相位观测值的差分方法。施工应用中，智能定位系统由卫星基准站、卫星流动站倾斜仪、激光测距仪、摄像机麦克风及检测设备、测控软件等几部分组成，定位系统设备组成如图 2-26 所示。其定位原理是在岸上已知控制点上设置基准站，在打桩机械的中前部适当位置安装 2 台卫星定位天线，以 RTK 模式实时测出打桩机械上两个固定点的三维坐标。同时根据安装在旋转台上方的倾斜仪检测的机械设备横摇和纵倾值，

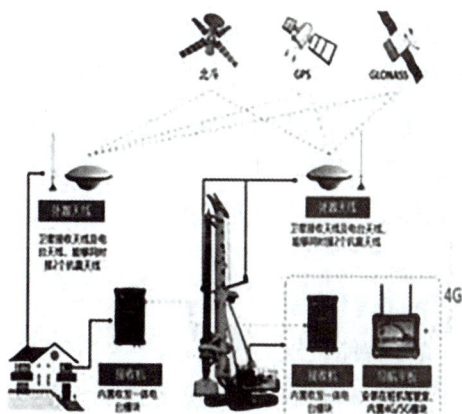

图 2-26　钻孔灌注桩定位系统设备组成

计算出理论上水平的船位坐标和方位，再根据打桩机械桩架及伸缩支架上的倾斜仪和机械体前端免棱镜激光测距仪测定的桩身相对位置，通过机械设备相对位置的几何关系，推算出桩位坐标和方位，从而达到通过卫星控制桩位的目的。

4. 智能检测技术在桩基础施工中的应用

1）成孔检测技术

成孔检测内容包括孔径、垂直度、沉渣等内容，检测内容较多，传统检测方法一般采用不同检测设备进行检测，费时费力且数据误差较大。设备智能化是解决该问题的有效方法。图2-27为成孔一体化检测设备，该设备主要由支撑移动系统、动力驱动系统、检测系统组成。

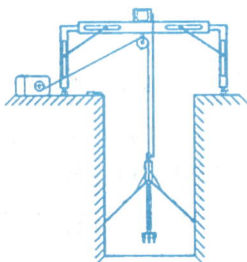

图 2-27 成孔一体化检测设备

该设备可以一次性检测成孔检查的全部参数，其中孔径仪用于测量钻孔孔径，当仪器下井提升测量时，四条测腿末端紧贴井壁，随着孔径的大小改变测点电位差，经系统标定后得到全孔孔径；测斜是根据铅垂原理测量顶角，若井轴与仪器铅垂线有夹角，则此夹角即为钻孔倾斜的角度，经机械转换，将倾斜的角度转换为电位差，在刻度盘上便可直接读出钻孔的倾斜角度；沉渣测量采用棒状梯度微电极系，利用电极系自重及重力加速度将其插入孔底原始地层，然后根据井液、沉渣及原始地层之间的电阻率变化值，求出孔底沉渣的厚度。该一体化智能成孔检测技术，将成孔检测关键工作内容集成到一项检测设备中，可三维成图，并可将检测数据传输到云平台，极大提高了成孔检测的效率和管控水平。

2）桩体偏移检测技术

传统钻孔灌注桩工序中一般没有桩体偏移检测要求，但对于成桩后桩体的稳定性有潜在安全影响的项目，需要对钻孔灌注桩成桩后的偏移进行检测。而传统的人工检测方法只能采用全站仪抽查检测，且受天气、每次检测位置变化及人为因素对数据误差影响较大，而智能化检测技术可有效解决上述问题。

采用基于北斗卫星导航系统的桩体偏移检测技术，在项目周围建筑物顶安装基准站，基准站由北斗接收机、AT300天线、天线保护罩、北斗避雷器、数据采集控制器、供电系统等设备构成，在灌注桩成桩后的桩顶承台上安装监测站，监测站由观测墩、接收天线、太阳能电池板、电源保护箱、预放电式避雷针等设备构成。设备安装完成后，监测站能够实时监测灌注桩偏移，实时记录灌注桩在 X、Y 轴方向的偏移并上传至智慧工地平台，偏移精度为毫米级，当灌注桩的偏移超过阈值时，平台自动报警提醒管理人员，保障施工安全。

5. 智能设备

1）智能桩机

智能桩机由电磁流量传感器、密度传感器、压力传感器、深度位移传感器、电流互感器、倾角传感器及桩机记录仪组成。智能桩机最大限度地实现了施工的自动化，根据设计要求对施工进行精确控制，施工过程在无人干预下按既设参数运行。自动制浆站在节约人工的同时实现批量式自动制浆，每笔制浆数据包括水泥用量、水灰比等即时上传，防止人为偷减材料问题的产生。在线监控系统对施工过程做到全程实时监测并记录形成档案，成桩过程中的数据即时在线传输到服务器。业主、监理、项目部可实时查看现场施工情况。智能桩机是系统施工的执行机构，智能桩机实现了施工的自动化，同时对施工进行精确控制。原来的普通桩机一根桩最多只分两段，智能桩机可以对每根桩分数段处理，最小可以 0.1m 一段，而且可以根据采集到的数据对浆量进行智能动态控制。

2）全自动制浆站

全自动拌浆机由电控柜、搅拌机、储浆筒、水泵、空压机、气动阀、螺旋输送机及电子传感器等组成。LD-BZ 系列自动拌浆机是由水泥罐、螺旋送浆机、拌浆筒、储浆筒、水泵、电控柜及电子配料仪器等组成，是一种准确计量、自动化程度高的拌浆设备。它广泛应用于 SMW 工法、三轴搅拌桩加固、二轴搅拌桩加固、旋喷桩等桩基工程。全自动制浆站设计合理、运输方便、搅拌效率高，具有配料传感称重、电子显示、精度高、安装维修简单等特点。

2.2.3 地下连续墙数字化施工技术

1. BIM 技术在地下连续墙施工中的应用

1）BIM 地墙钢筋笼翻样技术

采用传统钢筋翻样模式精度低、效率慢。基于 BIM 模型参数化技术，通过调用钢筋模板库族，可以快速形成各种形式地墙钢筋笼，精确输出各类钢筋用量及汇总数据表格。地墙钢筋笼参数化建模完成之后，软件可以进行数据导出，将所得数据转化为 EXCEL 表格，然后统计出各种钢筋所需数目，通过使用自主研发下料优化程序对下料钢筋进行最优化处理，可最大化提高钢筋有效利用率。生成设计料单示意图如图 2-28 所示。

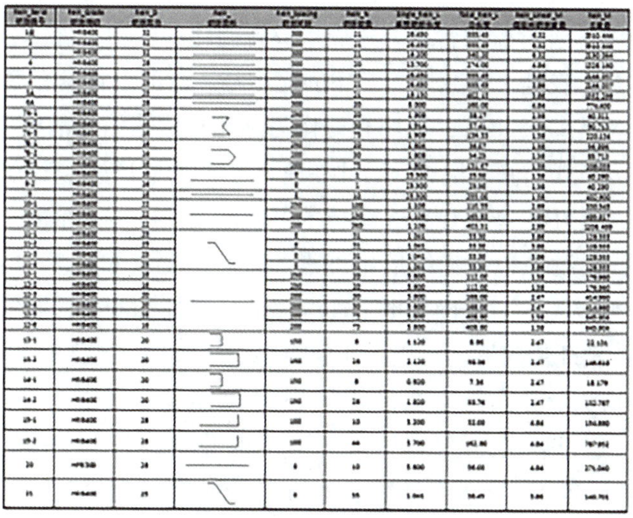

图 2-28 生成设计料单示意图

2）BIM 可视化监测技术

传统现场监测基本处于"埋设测点—现场数据监测—电脑端报表填报—提交报表"的工作模式。电脑端数据汇总及报表填报的工作均由人工完成，导致数据反馈不及时，如若施工现场出现安全问题，则会延误决策的及时有效性。同时传统监测数据基本以 Excel 表单存档，后期查询及追溯性较差。BIM 可视化监测技术，采用多种监测仪器自动采集数据，及时自动上传至监测信息数据库，再通过模型结合监测数据，对监测点数据设置标准阈值，以绿、黄、红分别表示其正常、警告、危险等状态，现场监测数值单次或累计超过预定值时，软件自动报警推送信息，达到自动实时报警功能。

3）BIM 施工模拟技术

对施工难度大的项目，可通过 BIM 三维模拟技术，对其进行全工况模拟，同时将该技术用于现场施工技术交底，相比以往的文字描述，三维演示模拟的效果是直观可见的，对现场作业人员能起到很好的辅助指导作用。图 2-29 为基于 BIM 的地下连续墙施工流程图。

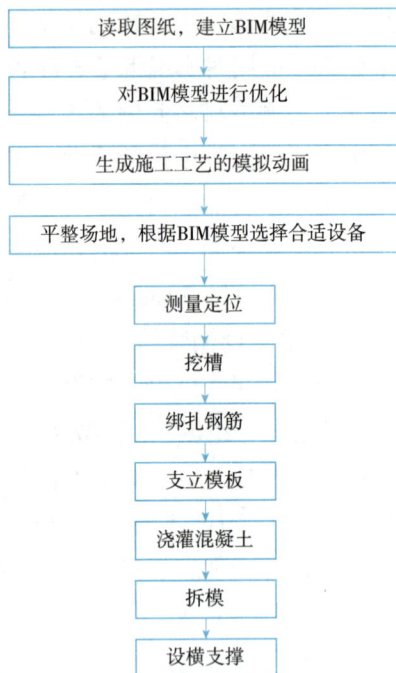

图 2-29　基于 BIM 的地下连续墙施工流程图

2. 智能传感光纤技术在地下连续墙施工中的应用

在工程建设中，基坑工程是工程建设的基础步骤，基坑工程的建设和发展对工程项目建设会产生较大的影响。因此在对基坑工程进行监测时，应该优先使用智能结构系统理念，在被监测构筑物中埋设光纤，以光纤作为传感元件，对基坑结构的受力情况、变形情况以及工程质量等进行监测管理，进而形成智能化的监测管理。

智能传感光纤技术在地下连续墙施工中的应用是一个前沿且具有潜力的领域。智能传感光纤，也称为智能光纤传感器，利用光纤作为感知和传输信号的媒介，具有灵敏度高、抗干扰能力强、可分布式监测等优点，因此在地下连续墙施工中具有广泛的应用前景。

在地下连续墙施工中，智能传感光纤技术可以被用于以下 4 个方面：

1）变形监测：通过在地下连续墙中埋设光纤传感器，可以实时监测墙体的变形情况，包括位移、应变等。这对于确保地下连续墙的稳定性和安全性至关重要。

2）温度监测：光纤传感器还可以用于监测地下连续墙在施工过程中的温度变化。这对于评估墙体的热应力、预防热裂缝等问题具有重要意义。

3）渗流监测：通过埋设光纤传感器，可以实时监测地下连续墙周围的渗流情况，包括渗流速度、渗流方向等。这对于评估墙体的抗渗性能、预防渗流引起的墙体破坏等问题具有重要作用。

4）施工质量控制：智能传感光纤技术还可以用于地下连续墙施工过程中的质量控制。通过实时监测墙体的各项参数，可以及时发现施工中的问题，并采取相应措施进行纠正，从而确保施工质量。

总之，智能传感光纤技术在地下连续墙施工中的应用有利于被监测项目的建设，可以及时为服务对象提供科学有效的监测数据，具有广阔的前景和重要的价值。随着技术的不断发展和完善，该技术在地下连续墙施工领域的应用将会越来越广泛。

3. 装配式技术在地下连续墙施工中的应用

现浇地下连续墙作为一种多功能基坑支护结构，在施工过程中产生振动少或噪声小，自身刚度很大，止水效果好，能够起到止水帷幕的作用，对周围基坑的影响也很小。地下连续墙不仅可以通过各种布置和组合形成各种形式的地下连续墙围护结构体系，而且相比其他支护结构具有较高的承载力，可以替代其他基础类型作为建筑物和构筑物的基础。现浇地下连续墙的应用范围很广泛，只有少数地层不能用地下连续墙施工，其他大部分地下连续墙都能起到很好的支护作用。早期大坝防渗墙一般采用地下连续墙进行防水，后期逐渐被用作基坑支护结构，主要用于挡土或与主体结构结合。现浇地下连续墙具有许多优点，无论是作为基坑支护结构还是作为主体建筑的一部分，都得到了越来越广泛的应用。但现浇地下连续墙施工技术较为复杂，接头质量难控制，开挖面墙体会出现鼓包、掺渣、露筋等情况，后期施工处理困难，费用高昂，施工过程中所使用的泥浆量大，且泥浆多由膨润土制备而成，对环境污染大。

预制地下连续墙采用工厂预制，施工现场吊装拼装，不仅充分继承了传统现浇地下连续墙的优点，而且便于工厂规模化生产，混凝土质量得到保障，可以解决现浇地下连续墙夹泥不规则、渗漏等工程问题。预制地下连续墙通过采取相应的构造措施和接缝形式，使得结构拼接更紧密，可以满足结构防水的要求。墙体结构大多采用空心型材，便于运输和悬挂，大大节约工程成本、减少工期，槽壁的稳定性也有所提高。单幅工程造价还是要比现浇地下连续墙高 10%~15% 左右，总体造价和现浇结构基本持平，但可以有效地缩短施工工期。近年来预制地下连续墙技术不断发展并运用于实际工程领域，实践证明预制地下连续墙不仅便于施工，节约工期和成本，而且可以充分发挥地下连续墙的优点，达到预期的效果。

2.3 基坑变形智能化监测与预警技术

2.3.1 基坑监测概述

基坑监测是指在基坑开挖过程中，对基坑周边的地表沉降、地下水位、土体应力、支护结构变形等参数进行定期或连续的观测和分析，以评估基坑开挖对周边环境的影响，预防和控制可能发生的基坑事故。开挖深度不小于 5m 或开挖深度小于 5m 但现场地质情况和周围环境较复杂的基坑工程以及其他需要监测的基坑工程应实施基坑工程监测。

基坑监测的内容主要包括以下四个方面：

1）地表沉降监测：通过安装沉降点或倾斜点，测量基坑周边地表的垂直位移或倾斜角度，判断基坑开挖是否引起地表不均匀沉降，是否超过允许值，是否对周边建筑物或管线造成危害。

2）地下水位监测：通过安装水位计或压力计，测量基坑周边地下水的涌出量、水压或水位变化，判断基坑开挖是否引起地下水位降低，是否影响土体稳定性或支护结构安全。

3）土体应力监测：通过安装土压力计或土应变计，测量基坑周边土体的应力或应变分布，判断基坑开挖是否引起土体重排或松弛，是否导致土体失稳或滑移。

4）支护结构变形监测：通过安装位移计或倾角计，测量基坑支护结构的水平位移、垂直位移或倾斜角度，判断基坑支护结构是否发生变形，是否超过设计值，是否满足工作性能要求。

2.3.2 基坑智能化监测技术

1. 基坑智能化监测的意义

在基坑监测环节中，自动化监测技术由互联网技术、大数据技术等现代技术衍生而来，可将不同种类的传感器设置在施工现场指定位置，持续完成监测数据信息采集及分析，由专业技术人员对监测数据加以处理，随后判断基坑施工环节中结构受力情况及变化趋势。在基坑施工环节中，自动化监测技术的应用已受到了施工单位的广泛认可。自动化监测技术的应用可降低施工环节人力物力投入，解决传统基坑开挖环节中人工监测存在的不足，利用自动化监测设备提高监测工作效率，实现数据持续采集及传输。技术人员还可根据监测数据变化特征，作出基坑施工风险预判。自动化监测技术具有四点优势。

1）即时性

在应用自动化监测技术实施基坑作业监测时，作业过程中存在异常现象能够被及时发现，施工人员及管理人员可立刻作出反应，采取针对性措施。

2）连续性

在传统基坑监测时，监测人员交接班会导致监测中断，应用自动化监测技术可实现全方位无死角动态监测，即使出现恶劣天气及极端天气，也能够保障监测工作正常推进。

3）准确性

自动化监测设备精度更高，运行过程更加安全稳定，可实现监测数据表格生成及数据传输，还可准确反映岩土结构变化趋势，数据更加准确可靠。

4）延展性

自动化监测技术不仅可实现基坑形变情况监测，而且可应用压力计及雨量计完成多方位监测，通过这种方式可建设立体完善的基坑监测体系。

2. 基坑监测智能化技术

1）智能全站仪监测技术

在自动化监测技术应用过程中，全站仪监测技术是重要构成部分。全站仪具有自动化优势，动力来源为电机装置，可完成监测对象的自动跟踪与准确识别。当监测对象设置目标棱镜后，可应用全站仪完成后续自动瞄准。技术人员需根据监测要求，做好全站仪技术参数调整，由全站仪对监测对象坐标、角度及距离等数据加以收集、归类与存储，再应用无线网络或光纤对数据加以传输。当数据处理中心接收到信息后，可实现自动分析。根据分析结果可发布预警信息，为确保施工安全提供有利条件。在全站仪监测技术应用时，应做好基准点设置，将基准点设置在基坑边坡安全位置，随后每隔七天展开一次精度检查，判断基准点是否出现位移等现象，使数据采集更加精准高效。还应结合设计图纸及各类参考资料，根据深基坑施工现场实际情况，科学调整自动化监测点位，使数据获取更加全面。

2）3D 激光监测技术

在 3D 激光监测技术应用过程中，可利用高速激光对监测对象加以扫描，掌握监测对象坐标信息，建设出监测对象三维模型。该项技术的应用原理为激光测距原理，可完成高密度、大规模的监测对象三维坐标获取。与传统监测工作相比，该项技术可使监测工作效率及精准程度得到显著提升。3D 激光监测技术可实现快速数据采集及分析，工作效率更高。3D 激光监测技术无须与监测对象直接接触，监测环节不必使用反射棱镜等设备。在恶劣的地质条件下，也能够客观准确获取深基坑各项数据信息，为后续安全管理及质量管理工作的实施提供有利条件。

3）光纤监测技术

光纤监测技术可实现全天自动化监测，不仅可用于深基坑监测环节，而且可用于其他工程动态监测过程中。在深基坑自动化监测时，该项技术可实现基坑内外土体应力监测、支护结构应力变化监测及支护结构稳定性监测，还可实现基坑内部地下水位变化监测、位移情况监测、形变沉降监测等。可根据基坑所处区域信息，判断风险问题详情。此外，依托光纤监测技术还可建设三维模型，使监测信息能够更加直观地表达出来，便于后续数据分析。将光纤监测技术应用至深基坑监测过程中，可提高深基坑自动化监测水平，为数据收集分析的展开提供坚实的保障，确保深基坑施工环节更加安全高效。

4）安全智能监测管理平台

安全智能监测管理平台由数据采集系统、数据传输系统、三维可视化系统、监测数据处理系统、预警系统共同组成。

（1）数据采集系统

基坑工程监测环节涉及多种不同结构及种类的智能传感设备，这就需要研发与之相匹配的数据采集方法，以满足应用要求。在该系统内，数据可通过信息转换、信息处理、信息发送等流程，将智能传感器输出电压及电流等信号转换为数字信号，通过数字信号分析的方法获取相关信息。此外，在数据采集系统设计过程中，还应综合考量环境因素、天气因素及灾害因素等影响，利用设置保护外壳、电磁屏蔽装置等方式，减少外界因素对数据采集系统运行产生的威胁。还应优化系统智能复位功能，当系统运行存在故障问题时，可利用复位的方式实现修复及重启，强化系统错误应对能力。

（2）数据传输系统

数据传输系统可使数据实现实时、可靠的传输，结合 TCP/IP 协议，应用无线网或光纤网络将数据采集进系统，对收集数据加以预处理，再传输至系统服务器内。该系统可与操作系统相兼容，当传输存在故障时，服务器可及时发出警报。数据传输系统可实现多个传感器接入，应做好不同信号通道的标识。当受外界环境因素影响，导致数据存在异常时，利用智能算法可实现异常数据判断，并触发后续数据采集及对比。当数据无异常问题后，可根据对应标识传输至对应数据库中。

（3）三维可视化系统

三维可视化系统可依托 GIS 技术及三维建模技术，提高日常管理数字化水平，实现可视化展示及可视化操作。三维可视化系统数据接口丰富，可与第三方传感器或视频平台相整合，实现系统数据及传感器数据共享，技术人员可结合三维模型，查看对应方案。

（4）监测数据处理系统

在安全智能监测管理平台信号采集及传输阶段，受传感器结构及外界干扰影响，获取数据极易出现丢失或杂乱现象。应利用数据异常分析方法，提升数据质量，纠正数据错误，修复数据异常，修补丢失数据。可结合信号输入方式及监测对象，将监测数据软件划分为数字信号采集软件及模拟信号采集软件，两者功能相似，但数据处理方式不同，数据处理硬件设备性能存在差异，应做好区分开发。当数据统一传输至数据库后，可实现数据存储、处理及显示。

（5）预警系统

预警系统可实现基坑风险预警及状态评估。可将基坑危险状态划分为三个等级。当监测数据为额定标准的 1.5 倍或以上时，发出一级红色预警。当监测数据即将到达额定标准时，发出二级黄色预警。当监测数据与额定标准趋近时，发出三级绿色预警。结合不同预警等级，可采取针对性的应急处理方法，生成针对性预警报告。

2.3.3　基坑智能化监测预警实施

以上海中心大厦超深基坑工程基坑变形可视化监控与预警平台系统为例，介绍基坑的监测和管理。其目的是采集、汇总和分析基坑和周边环境监测数据和现场信息，设定变形警戒值，对基坑安全状态作评估及管理，提高基坑施工安全管理水平，主要功能如表 2-1 所示。

1. 基坑变形可视化监控实施

1）信息、数据采集可视化

系统具备监测数据采集与分析功能，能够自动汇总监测方报送的数据，进行分析和

基坑变形可视化监控与预警平台系统主要功能　　　　　表 2-1

主要功能	子功能
CAD 图纸管理	分包测点绑定
	CAD 图纸列表
	测点布置图浏览
预报警事件	预报警事件管理
监测数据管理	监测数据录入
	监测数据查阅及分析
	监测数据汇总
	总承包查阅
首页后台管理	帮助文档
	文字版
	工作首页
	地图描点首页
	快捷键方式管理
安全评估管理	超链接管理
	安全评估报告审批配置
文档系统	文档分组
	施工月报
	施工方案
	勘察报告
	文档类型管理
	文档标签
	工程周报
施工工况	施工工况查阅

监测信息展示，并提供信息的查询、打印等多种辅助功能。

（1）监测数据人工采集系统提供监测数据人工录入功能模块，且提供人工录入数据，各类文档数复制，通过固定报表格式导入数据等多途径的数据录入方式，项目部须配置专人将每天的监测日志信息和监测数据都录入系统中。系统还提供了监测权限设置功能，对不同监测单位上传的日志和数据分开管理。

（2）监测数据自动采集。为了减少人工录入的工作量，系统还预留了多种自动采集仪器的数据接口，方便系统从自动采集仪器上自动获取相关的数据信息储存到系统中。

（3）数据过滤。监测数据录入功能模块内置监测数据信息的过滤功能，用户可以通过设定需要过滤的数据范围，筛选有效的数据进行初步校验。

（4）数据存储归档。系统还具有数据筛选和存储功能，可将监测数据按照标准格式进行有效存储。

2）施工现场可视化

系统可满足上海中心大厦工程对于施工现场实际情况的远程全天候安全监督。用户可对整个项目进行多画面预览，可以实现视频资料的保存、回看、抓拍、语音对讲等功能，并可以通过远程控制对视频焦距、摄像头角度实现调节。

3）工程资料管理可视化

（1）文档资料分类管理。系统提供工程资料分类管理功能，能够对项目参建各方的各种工程资料进行分类管理，管理的主要内容包括勘察设计资料、施工资料和监测资料等日常信息，系统还提供各类资料的查找和查阅功能。

（2）文档资料关联工程资料管理模块提供了资料关联功能，方便用户在查看一份工程资料的同时，也能了解该资料相关的其他资料。

（3）文档资料综合查询。为了方便用户查阅文档资料，系统提供了文档查询功能，不仅可以通过标题关键字、内容等简单的方式进行查询，而且提供了根据文档的属性、级别、等级等进行关联查询。

（4）CAD图纸显示。实现对工程各建设阶段工程图纸电子化管理，方便用户通过系统平台调阅。

4）地图浏览可视化

该功能提供了更加直观的管理方式，用户可通过地图直接查找工地分布和安全状态，也可以通过链接快速进入系统各功能模块。

5）安全评估可视化

（1）每日工程安全评估。为方便用户和专业技术人员对基坑工程各施工阶段进行安全状态评估，系统设置了每日最新评估功能模块，可将评估的结果上传到系统中。系统还提供给管理者多种形式的每日安全评估信息的展示界面，用户可以通过各种形式直观清晰地了解每日工程的安全情况。

（2）每周、每月监控分析报告。系统提供周、月的监控分析报告模板，可自动统计工程的进展情况和该时间段的监测数据，提供给专业技术人员进行分析补充。

（3）历史安全评估查询。系统提供历史安全评估事件综合管理功能模块，可以对项目基坑工程历史记录资料进行归档和查询，使得用户能够快捷地查询各种历史资料信息，并提供可拖拽的快速导航栏，帮助用户精确定位到所关注的内容上。

2. 基坑预警实施

1）数据分析超限预警

（1）综合数据自动分析汇总。系统能够对最新监测数据和历史监测数据进行自动汇总统计，生成监测数据分析报表。报表能反映各监测点监测数据的本次变化值、变化最大值、变化最小值、累计变化值、累计最大值、累计最小值等数据，自动统计排列形成系统报表。

（2）综合曲线分析。系统可建立各种监测信息的分析统计模型，对施工进度及各方监测数据之间的对比分析和关联分析等各类信息进行统计和分析，方便各参建方能够就监测数据做实时交流。另外，系统还可对各类监测数据做统计曲线绘制，可绘制监测数据、变化量、变化速率等的时间过程曲线、进尺过程曲线、分布曲线、断面曲线等。

系统可以对各监测信息进行分析处理，自动生成数据曲线。系统可生成累计变化曲线、本次变化曲线，还可以对单个测点生成历史变化的曲线，对类似测斜等分组的量测项目生成组变化曲线。

（3）监测报表输出系统能够按要求自动输出打印各种日报、周报、月报、巡查报告、评估诊断报告、警报、项目考核、施工验收等专项报告。

（4）信息查询。系统能对所有的数据、信息、图形、资料进行分类、分项管理和存储，在界面系统采用菜单管理的方式，对不同的信息采用不同的菜单结构进行分类管理，使得用户感觉目录结构存储十分清晰。另外系统提供综合的信息检索、查询功能，可以根据标题、内容、概要信息、关键字等进行信息快速查询。

2）预报警事件管理

（1）监测预警、报警标准设定功能。系统提供监测预警、报警设定功能，能够依据设计标准和行业标准设定监测项目的预警标准和预警参数。系统不但能对量测项目进行标准和参数的设定，而且能对不同量测项目下各测点单独进行设定。

（2）自定义预警、报警功能处理流程。系统能够设定预警报警的触发条件，通过录入的监测数据和设定的预警值比较实现预警、报警的自动提示功能；系统还提供分级的人工预警、报警流程定义、流转功能，并可和视频监控功能、风险预案管理、专家会商功能紧密结合，在预警报警事件发生后，能够快速启动专家会商功能进行多方专家会商，并通过视频监控系统辅助决策，形成解决方案。

（3）预报警信息发布。系统可以进行实时多渠道综合的预报警信息发布：

①预警报警信息通过数据汇总报表进行信息提示；

②预警报警信息通过数据曲线功能提示；

③预警报警信息通过图形信息进行提示；

④通过事务流的形式在管理系统中发布；

⑤通过 GIS 系统预警报警系统进行提示发布；

⑥报警升级处理实施流程。

本章小结

本章首先介绍了预制桩、灌注桩等深基础的传统施工工艺，在此基础上，介绍了桩基础、地下连续墙、基坑监测的智能化方法。智能化施工是建筑业发展的必然。面对智能化技术带给行业的变革时机，切准智能化施工技术发展方向，以热点智能化技术实现对建筑全生命周期的服务，通过借鉴工业智能制造的先进技术思路和方法，积极探索实施绿色化、工业化和信息化三位一体协调融合发展数字化之路，实现传统产业的技术改造和升级，推动产业变革，必将从根本上加快我国建筑业的转型发展。

思考与习题

2-1 预制混凝土桩的制作、起吊、运输与堆放有哪些基本要求？

2-2 预制桩施工顺序应注意哪些问题？

2-3 深基础工程可以应用哪些智能化技术？

2-4 基坑智能化监控的优点及意义分别是什么？

第 3 章

混凝土结构智能施工

📖 **本章要点**

1. 掌握模板施工智能监控测点布置及监测内容；
2. 理解大体积混凝土智能化温度监控施工方法；
3. 掌握数字化拼装应用技术。

🖥 **教学目标**

1. 了解信息化、自动化、大数据及智能算法等现代化技术手段，在混凝土结构智能化施工中的相关应用；
2. 掌握智能化监测技术的原理及在混凝土结构中的应用；
3. 能够根据混凝土结构施工的特点和各环节特征分析并合理规划智能技术手段。

📄 **案例引入**

3D 打印技术

2019 年 10 月，在河北工业大学北辰校区中，一座长 28.1m，单拱跨度 18.04m，按照赵州桥 1∶2 缩尺打印后现场组装的 3D 打印仿古"赵州桥"惊艳亮相。该桥是目前世界上跨度最长、桥梁总长最长、规模最大的混凝土 3D 打印桥梁。

3D 打印作为一项新兴技术，是一种全新的颠覆传统的建造模式。装配式混凝土 3D 打印赵州桥借鉴已建成 3D 打印建筑的建造经验，引入 BIM 虚拟仿真技术、现代化智能监测手段，采用模块化打印技术，对节点装配形式进行优化设计，在现场直接进行装配式建造。

相比传统的施工建造，3D 打印无须模板与支撑，节省约 1/3 的建筑材料和 2/3 的人工，高度自动化的打印过程可大大提高建造效率，也不因结构的几何复杂程度而增加成本。同时，建造过程大大减少对现场环境的污染，是推动装配式建筑与智能建造发展的革新技术。另外，3D 打印桥梁过程中，内嵌了许多传感器，用于 24h 对桥梁进行健康监测，可及时发现受力等问题并予以排除，保证安全第一的同时，也体现了智能化集成。

3D 打印赵州桥（图 3-1）的成功实现，有力推进了智能建造关键技术的发展，对我国建筑行业实现绿色化、工业化、智能化具有划时代的意义。

值得我们思考的是：随着科技的不断进步，如何将现代化的技术手段同传统建造方式相结合，促进建筑行业转型升级？

图 3-1　3D 打印赵州桥

3.1　混凝土高支模施工过程智能化监测技术

3.1.1　模板施工监控基本原理

高支模施工过程中容易出现塌陷、倾倒等事故，为了防止此类事故的发生，在高支模监测过程中主要监测高支模模板的沉降位移、高支模支架的倾斜角度、高支模模板和支架之间的压力，需要使用的传感器是角度传感器、位移传感器和压力传感器。传感器位于整个系统的最底层，是数据的源头，传感器的可靠性决定着后续数据处理结果的可靠性。

位移传感器通过实时监测高支模的沉降位移，能够在施工过程中对潜在的塌陷风险进行预警。此系统运用了包含 PSD、激光和信号处理电路的激光位移传感器。通过采用激光三角法测距原理，测量精度不会受到被测物体材质、环境温度以及光斑形状等因素的影响。

角度传感器被用于实时监测高支模的倾斜情况，以便在施工过程中及时预警可能发生的倒塌。该系统运用集成了三轴 MEMS 加速度传感器和三轴 MEMS 陀螺仪的 MPU6050 运动处理传感器来测量倾角。通过读取 MPU6050 的三轴加速度和三轴角速度值，并经过姿态融合算法处理，我们可以获得被监测物体的当前角度，包括俯仰角、滚转角和偏航角。高支模的倾斜角是指支架与地面垂直方向的夹角，通过结合俯仰角和滚转角，我们可以计算出高支模支架的当前倾斜角度。MPU6050 传感器因其快速响应、高精度和成本效益高的特点而被选用，其测量范围覆盖 $-360°\sim+360°$。

轴力传感器系统采用振弦式压力传感器来实时监测高支模模板与支架之间的压力。振弦式压力传感器是一种谐振式传感器，其内部有一根拉紧的金属丝，在保持长度不变的情况下，金属丝所受力的变化会导致其振动频率的相应变化。这种频率的变化能够直

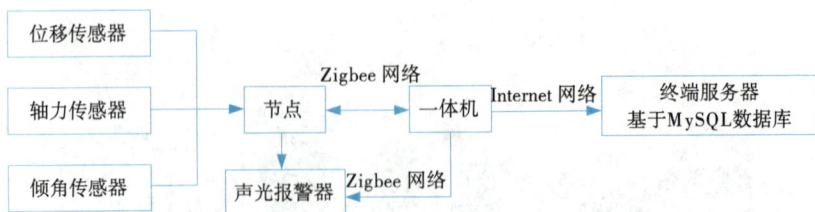

图 3-2　高支模自动化监测系统

接反映传感器所承受的压力变化。作为一种对频率敏感的传感器，振弦式压力传感器的频率信号受到外围电路如电阻、电容、电感的影响较小，其抗干扰能力强，具有较小的温度漂移和零点漂移，以及高分辨率。因此，选择振弦式压力传感器是测量高支模模板压力的理想选择。

高支模自动化监测系统是由一体机、节点和传感器组成，如图 3-2 所示。传感器收集的数据通过通信线缆传送至节点，随后节点利用 Zigbee 无线技术将这些数据发送到一体机。节点内部装有倾斜传感器，并且支持外接位移传感器和轴力传感器，仅需通电即可开始数据传输。一体机允许用户设定预警和报警阈值，当接收到的数据超出这些预设范围时，节点和一体机都会发出声光报警，并且实时通过网络将数据上传至服务器。服务器使用 MySQL 数据库来管理和存储这些监测数据。高支模监测系统实物图如图 3-3 所示。

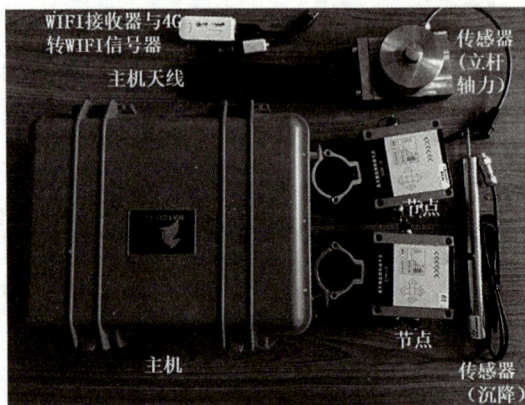

图 3-3　高支模监测系统实物图

3.1.2　高支模施工智能监控内容

高大模板工程因涵盖面广泛，施工监管极具挑战性，使得传统的监控手段难以满足其管理需求。因此，为实现对高大模板工程的实时、精准监控，我们需融合 BIM 技术与物联网技术。通过构建监测数据与 BIM 模型的桥梁，监测平台能全方位、动态地展示各监测点的即时状况，大幅提升数据管理的效率与直观性。这不仅便于管理人员迅速识别异常原因，并采取相应措施，而且在监测参数突破预警或报警阈值时，能迅速组织施工人员撤离风险区域，从而最小化施工损失。传统监测方案与基于 BIM 技术的智能监测方案对比见表 3-1。

在高支模监测过程中，需要重点关注高支模模板的垂直位移、高支模支撑架的倾斜程度，以及高支模模板与支撑架之间的相互作用力。为了实现这些监测，需要使用角度传感器、位移传感器和轴力传感器。BIMCC 是一个基于 WebGL 技术的数字化智能建造平台。借助其内置的应用接口，BIMCC 数字化建造平台能够整合各类监测数据与 BIM 模

传统监测方案与基于 BIM 技术的智能监测方案对比　　　　　　　　　　　　　表 3-1

方案	方式	设备	监测内容	监测频率	异常响应
传统监测	人工	光学仪器	水平位移 外围沉降	20~30min	人工报告
智能监测	自动	多种无线传感器	水平位移 模板沉降 立杆轴力 倾角	实时	自动报警

型，实现两者的无缝对接和集成应用（图 3-4）。在监测工作开始之前，平台会将监测点位融入 BIM 模型中，使监测数据成为 BIM 模型的附加信息。在监测进行中，监测信息通过网络传输至服务器，服务器基于 MySQL 数据库平台对监测数据进行管理，并将这些信息共享到 BIMCC 智能管理平台。这样，管理者可以在 BIM 模型中直观地查看监测信息，从而快速做出决策。

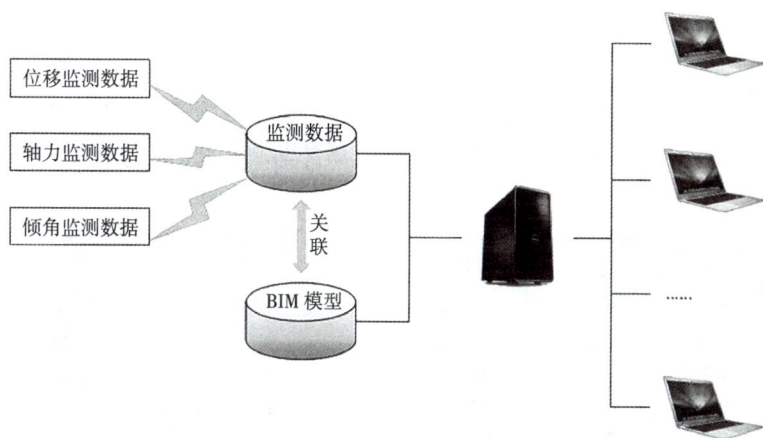

图 3-4　监测数据采集工作示意图

3.1.3　高支模施工智能监控测点布置

从安全性的视角来看，增加监测点位和项目的数量可以带来更全面的监测效果，从而增强工程施工的安全性。但这也意味着施工成本的相应提升。因此，在布置监测点时，需要遵循能够准确反映支撑体系整体位移情况或荷载较大、模板沉降明显的部位的原则。特别是在处理大跨度结构时，应在结构的 1/4、1/2、3/4 位置分别设置监测点。测点布设方法如下：

1）立杆倾角传感器应安装在立杆的上部，靠近顶托的位置。在安装过程中，需要对拟安装部位进行打磨处理，以确保其表面平整光滑。当固定传感器时，必须保证传感器的轴线处于垂直状态，以确保测量的准确性。

2）模板沉降传感器应被安装在模板底部木方梁下方的横杆上。在安装过程中，需确保传感器线头垂直向下，并拉出约 100mm 的长度。随后，使用钢丝线将传感器与下部的配重相连接，以确保其稳定工作。

3）立杆轴力传感器应安装在立杆的顶部与模板底梁之间。在安装过程中，需确保立杆顶托与模板底梁的表面平整。接着，松开顶托并使其下降，以留出足够的空间来安装传感器，随后再紧固顶托。务必保证顶托及梁底与传感器上下两侧紧密接触，确保它们共同受力，从而保证测量的准确性。

4）水平位移激光标靶应安装在立杆的顶部，而激光发射器则安装在底部。安装过程中，需确保激光准确地照射在接收面板的中央位置，避免产生侧偏。若激光照射方向稍有偏差，可能导致激光无法照射到激光标靶的测点，从而使整个系统失效。安装完毕后，应详细记录位移的方向，以便后续监测和分析。

在监测设备安装之前，需根据既定的监测方案为每个设备确定唯一的编号，并在主机系统中添加相应的节点，确保节点信息能够准确无误地传输至主机。对于倾角传感器，应使用专用扣件将其稳固地安装在立杆的顶端，并保证其处于水平状态。轴压传感器则需通过螺栓固定在可调顶托上，并在传感器上部放置承压不锈钢顶盖，确保其与主梁紧密接触。此外，所有传感器引出的线缆都应使用扎带固定在立杆上，以防线缆混乱或损坏。对于沉降传感器，应确保其竖直固定在重锤下方，通过调整重锤的高度，使传感器的导杆向下预压至量程的一半左右。由于传感器位于地面附近，其引出的线缆应使用黑色波纹管进行保护，以防止人员或重物对线缆造成损坏。具体的监测设备布置情况如图 3-5 所示。

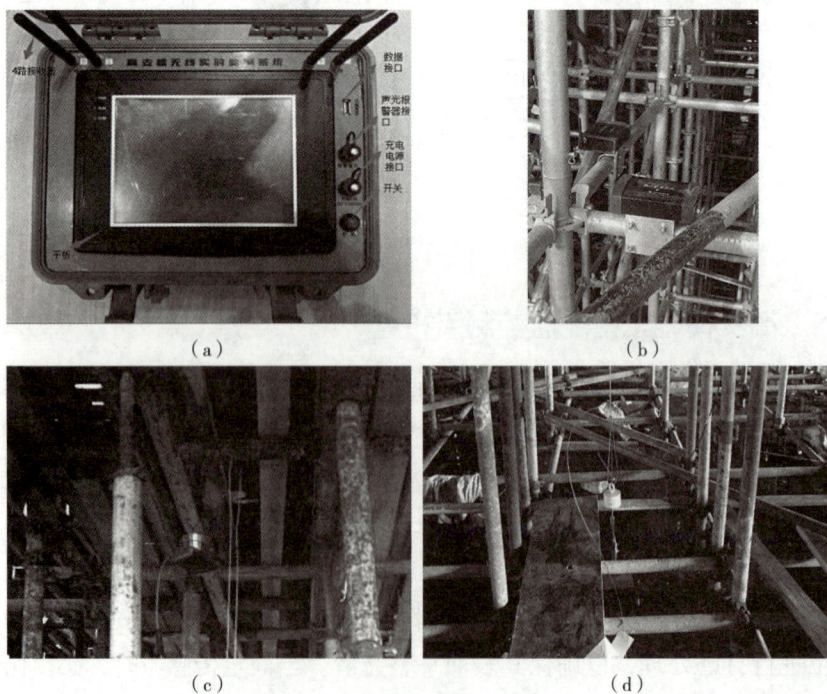

（a）

（b）

（c）

（d）

图 3-5　高支模监测设备布置

（a）一体机；（b）倾角传感器（节点）；（c）轴力传感器；（d）模板沉降传感器

3.1.4　模板施工智能化自动报警

根据支撑体系相关参数计算，结合相关的规范、文件对监测工程的立杆倾角、模板沉降、立杆轴力及水平位移监测项目确定预警值及控制值，并且在智能监测系统中将相应预警值输入，一旦高支模的位移或者变形超过预警值，则会自动进行报警，引起相关技术人员及管理人员的注意，并且提前采取应对措施。高支模智能监测系统如图 3-6 所示。

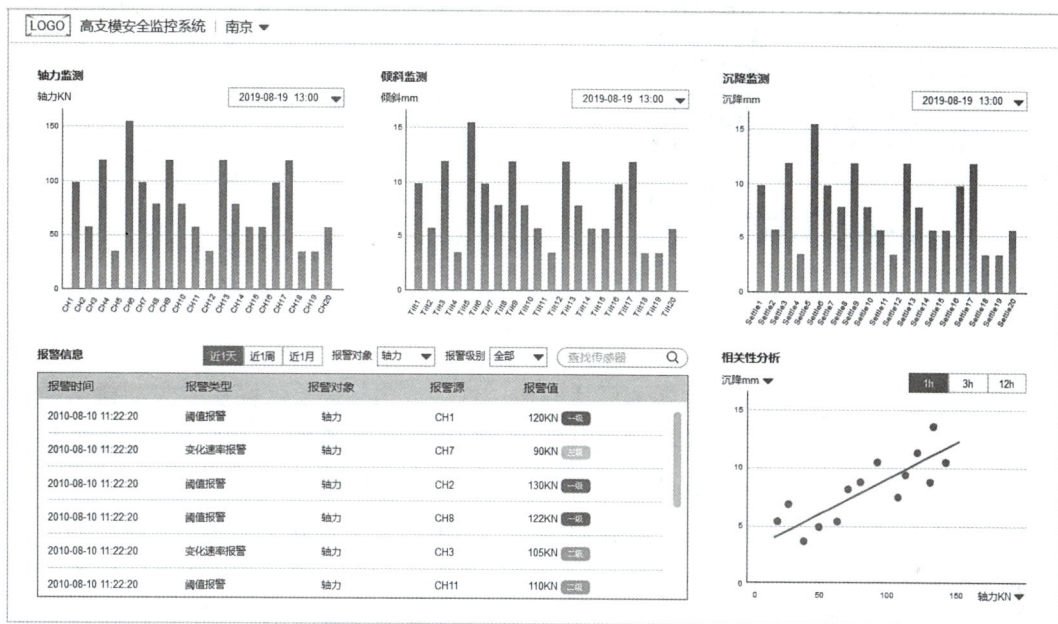

图 3-6　高支模智能监测系统

3.2　智能液压爬架施工

3.2.1　液压爬模的原理

液压爬模装置（图 3-7）是一种施工工艺，它利用承载体紧密贴合在混凝土结构上。当新浇筑的混凝土部分完成脱模步骤后，该装置借助液压油缸产生的动力，沿着预设的导轨向上爬行一层。这一过程会不断循环进行，从而实现建筑结构的逐层施工，简称爬模。

液压爬模是一种独特的施工工艺，它汲取了传统大模板和滑模施工的长处。与传统支模工艺相比，液压爬模在浇筑混凝土方面同样简便，劳动组织灵活，施工管理便捷，且能有效抵抗外界条件干扰，保证混凝土表面的高质量。更值得一提的是，液压爬模避免了滑模施工中常见的质量问题，从而在经济效益和社会效益上实现了显著提升。

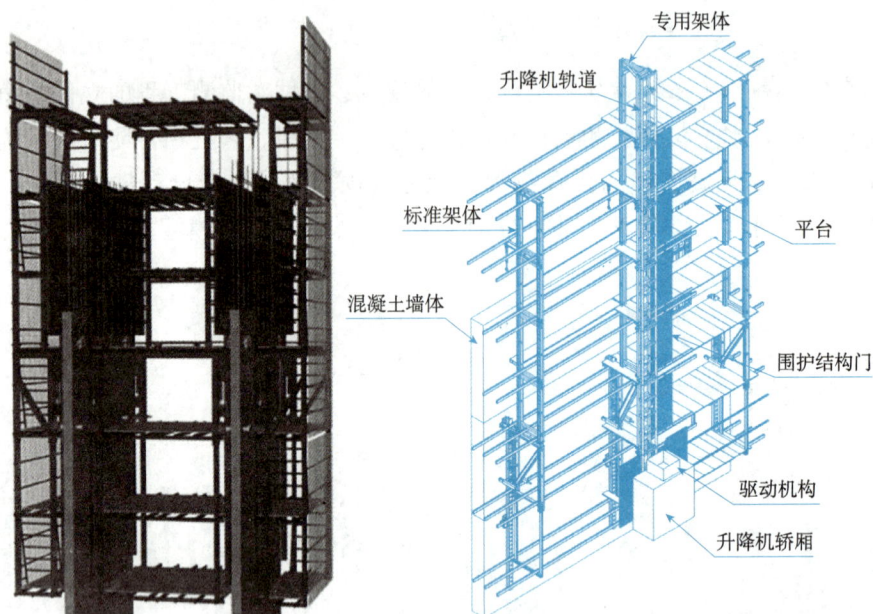

图 3-7　液压爬模装置

专用架体
升降机轨道
标准架体
混凝土墙体
平台
围护结构门
驱动机构
升降机轿厢

液压爬模技术因其卓越的性能和广泛的适用性，成为超高层、高层、大型桥墩和堤坝等施工项目的理想选择。其独特的爬升能力不仅限于垂直方向，还能沿倾斜角度甚至圆弧曲线进行爬升，显示出极高的适应性和灵活性。与传统的塔吊依赖相比，液压爬模在首次安装时可能需要塔吊协助，但在后续施工中可以自主爬升，从而释放塔吊的起重能力，使其更专注于其他建筑材料的运输。与顶模系统相比，液压爬模更能适应施工过程中的各种变化，例如在核心筒施工到一定高度或结构发生剧变时，液压爬模可以迅速调整布局，及时改造或增减机位，确保施工顺利进行。此外，在城市中心等空间受限的施工场地，液压爬模技术以其较小的占地面积展现出了显著的优势；同时液压爬模的周转使用次数多，大大降低了爬模摊销费用。因液压爬模技术独特的优势，使其在超高层施工中备受总包单位青睐。其高效、灵活的特点不仅保证了施工质量，还显著提升了施工效率，为总包单位的市场竞争力注入了新活力。

3.2.2　智能化控制系统构成

1. 电气控制

智能化控制系统依赖于 PLC（Programmable Logic Controller，可编程逻辑控制器）实现闭环监控与调节。在总控制台的面板上，集成了一个直观的触摸屏界面。此触摸屏能够即时展示每个油缸的工作状态，并在任何异常情况发生时，迅速发出报警信号，以便及时处理。通过触摸屏，操作者可以轻松实现对每个油缸的单独操控，包括其上升和下降动作。同时，触摸屏也支持对所有油缸的整体协同控制，实现连续且同步的上升和下降动作，从而确保智能化控制系统的高效运行和精确同步爬升。

总控制柜内置阀控制器，该控制器负责精确协调多只油缸的同步运动。阀控制器确保每只油缸的运动都在预设的误差范围内，即相邻机位间的升差值控制在 1/150 以内，整体升差值则不超过 45mm。当任何一只油缸的运动位置超出这一误差范围时，系统会自动暂停所有油缸的运动，并在触摸屏上触发警报灯亮起，提示操作者查看是哪只油缸出现故障，然后操作者可以通过触摸屏单独操作该油缸上升或下降，使其回到误差范围内进行运行。当油缸重新运动到误差范围之内后，报警灯熄灭，整个系统将恢复为整体自动运行模式。这种控制方式确保了系统的稳定性和可靠性，提高了施工效率和质量。

总电控柜预设有接口，通过航空插头与各个液压单元实现电缆连接。柜内集成了多项功能，包括各油缸的报警指示、油缸独立或整体控制的选择、启动与停止按钮以及电源开关。此外，其还具备对油缸的报警功能进行监控和管理的能力，确保了系统的稳定运行和便捷操作。

2. 智能化控制原理

1）位移同步控制机制如下：在相邻两机位的油缸侧面，均装设有拉杆式传感器，这些传感器负责实时监测每个油缸的位移运动。传感器将捕获的位移信号传输至可编程控制器（PLC）进行运算和比较分析。一旦监测到升差（Δh）超过系统预设的允许偏差值（es）（图 3-8），PLC 会立即自动生成纠偏指令，并将此指令发送至流量控制模块。流量控制模块接收到纠偏指令后，会迅速调整比例流量阀的开口度，从而减少位移过大的油缸的流量供应，进而降低其爬升速度。通过这样的自动调整，两油缸之间的升差会逐渐缩小，并稳定保持在系统设定的允许范围内，整个过程中无须人工介入调整（图 3-9）。

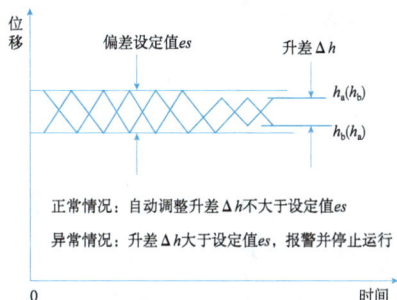

图 3-8　升差动态控制图

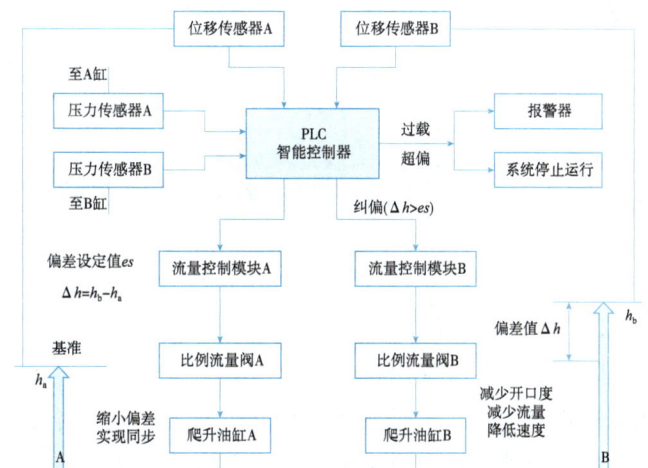

图 3-9　两点同步爬升及压力控制原理图

2）工作压力控制是通过触摸电脑来设定系统的工作压力阈值。当实际工作压力超过这一设定值时，系统会自动触发报警机制并停止运行，以保障安全。当工作压力降低到设定的阈值以下时，系统则会恢复正常工作状态。这一智能控制系统通过微型计算机实时监控爬模各机位的同步性和荷载情况，并在触摸屏上实时显示每个机位的荷载值。若系统检测到超载或失载的情况，会立即发出预警并具备自动停机功能，以确保施工安全并减少潜在风险（图3-10）。

3.2.3 液压爬模结构组成与工艺流程

1. 液压爬模结构组成

1）架体单元

架体单元主要由横杆、立杆、脚手板、大小斜撑、水平桁架、内挑密封翻板、安全防护网等组成；立杆前后都与架体脚手板相连接，纵向都与水平桁

图3-10 PLC+位移传感器

架相连接，脚手板与立杆连接杆或三角支撑架相连接，水平支撑桁架和立杆及外钢网形成空间桁架结构，架体的使用荷载和升降荷载都是通过水平支撑桁架将相关荷载传递到导轨，导轨将荷载通过附墙支座传递至混凝土结构上，如图3-11所示。

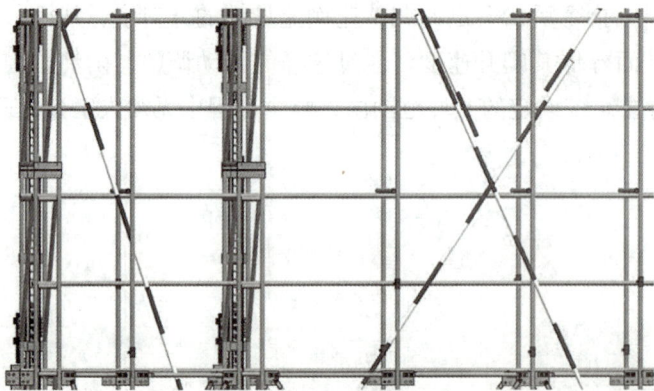

图3-11 架体单元

2）附着支承系统

附着支承系统采用附墙支座与导向装置配合设计，建筑结构与附墙支座通过采用高强螺栓相互连接，承受架体荷载并传递，导向装置设有导向轮保证架体提升与下降的导向运动，附墙支座与导向装置间采用螺栓连接。每个机位设置若干套附着支承系统。附着支承系统是一个多装置共同组成的系统，其中包括附墙支座、卸荷装置、防坠装置和防倾装置，如图3-12所示。卸荷装置由三部分组成：底部圆筒、中部螺杆和顶部定位器。底部圆筒一端侧面加工有通孔穿销轴与附墙支座连接，另一端加工有螺纹孔与螺杆连接；螺杆中部两部削成平面，便于扳手调节；定位器为圆钢加工制成，顶部开有凹槽，

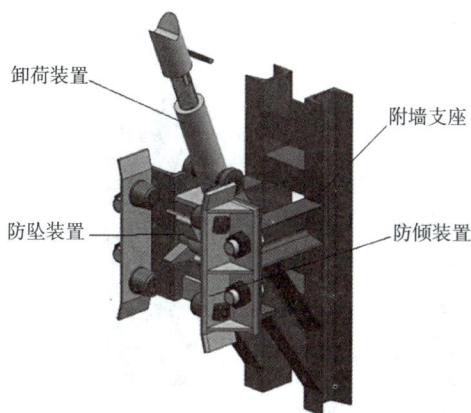

图 3-12 附着支承系统

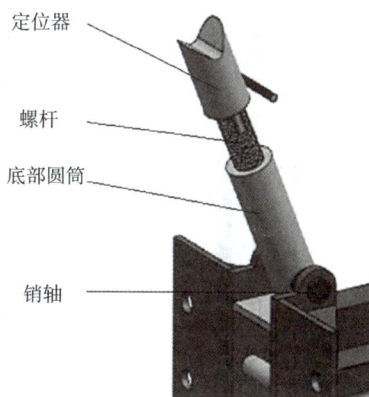

图 3-13 卸荷装置

侧面焊有钢筋，下端设置有内螺纹孔，该内螺纹孔与螺杆的螺纹相配合，从而确保了两者之间的连接可靠，如图 3-13 所示。

3）提升系统

爬架的升降一般采用环链捯链，是一种升级版的手动葫芦，可作为动力源，它通过添加电动机和减速器取代了手动葫芦的拉链轮和拉链。通过电源的相序，环链捯链可以控制改变电机的正反转动，实现提升和下降功能。当电机电源切断时，电动机制动，捯链会立即停止工作。每一机位有一个提升用捯链，捯链吊挂在竖向主框架上，随架体同步升降，免摘。

整个升降动力系统由提升底座、升降动力装置、挑梁或附墙挂座组成。提升底座安装于竖向主框架最底部，当架体在升降过程中起到承传力作用，提升底座上一般焊接挂环，升降装置上端一般固定于挑梁或附墙挂座上面，下部的钩挂布置在底座挂环上，通过预紧工作后，架体提升系统才能完成升降工序。升降动力装置一般由固定捯链的上吊点、捯链、钢丝绳、带滑轮的下吊点和与建筑结构的固定几部分组成，总体结构如图 3-14（a）所示。上吊点的下部悬挂捯链，捯链通过吊点桁架与架体固定，吊点桁架采用方钢管焊接成桁架形状，用方钢管制作立杆、横杆、斜杆；吊点桁架一端连接有吊点挂件，吊点挂件由钢板焊接，中空带有销孔，如图 3-14（b）所示，下吊点桁架如图 3-14（c）所示。

4）智能化控制系统

整个智能化控制系统以 PLC（可编程逻辑控制器）为核心，实现了对整个系统的闭环控制。在总控制柜的面板上，配备一块直观的触摸屏，不仅实时展示了每只油缸的运行状态，而且在出现故障时能够迅速发出报警提示，增强了系统的安全性和可靠性。通过触摸屏，操作者可以轻松实现对油缸的精确控制。他们可以选择单独控制某个油缸的上升和下降，也可以选择让所有油缸协同工作，实现整体连续上升和下降。这种灵活的操作方式不仅简化了操作流程，而且提高了施工效率，为智能控制同步爬升提供了有力支持。

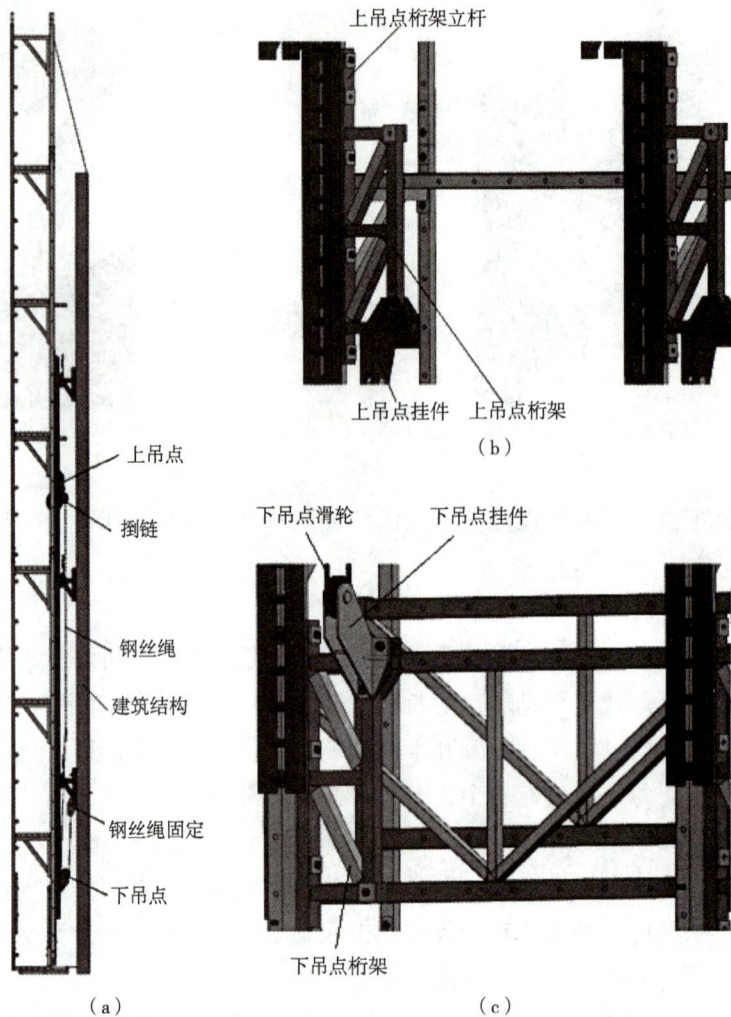

上吊点桁架立杆

上吊点挂件　上吊点桁架

（b）

下吊点滑轮　下吊点挂件

下吊点桁架

上吊点

捯链

钢丝绳

建筑结构

钢丝绳固定

下吊点

（a）　　　　　　　　　　（c）

图 3-14　升降机构的构成

2. 液压爬模施工工艺流程

1）预埋系统

预埋位置及预埋件均须按照附着升降脚手架平面布置图，利用 PVC 管制作预埋件，管件的长度为对应的墙或者梁的厚度，每个支座位置竖向预埋两个 PVC 管。预埋时严格要求两个竖向预埋件垂直，两个预埋管中心间距垂直距离保证在合适范围内，吊点预埋位置与支座预埋位置水平距离同样设置合理范围；在模板封闭之前提前安装预埋件，预埋件所用 PVC 管需要与梁或者墙内钢筋通过绑扎固定，特别是在混凝土浇筑过程中，预埋件的位置偏差必须在适当的范围内。

2）爬模安装

液压爬模安装流程如图 3-15 所示。

架体组装时分两部分进行依次安装，按照从下到上的顺序，先组装底部架体，按

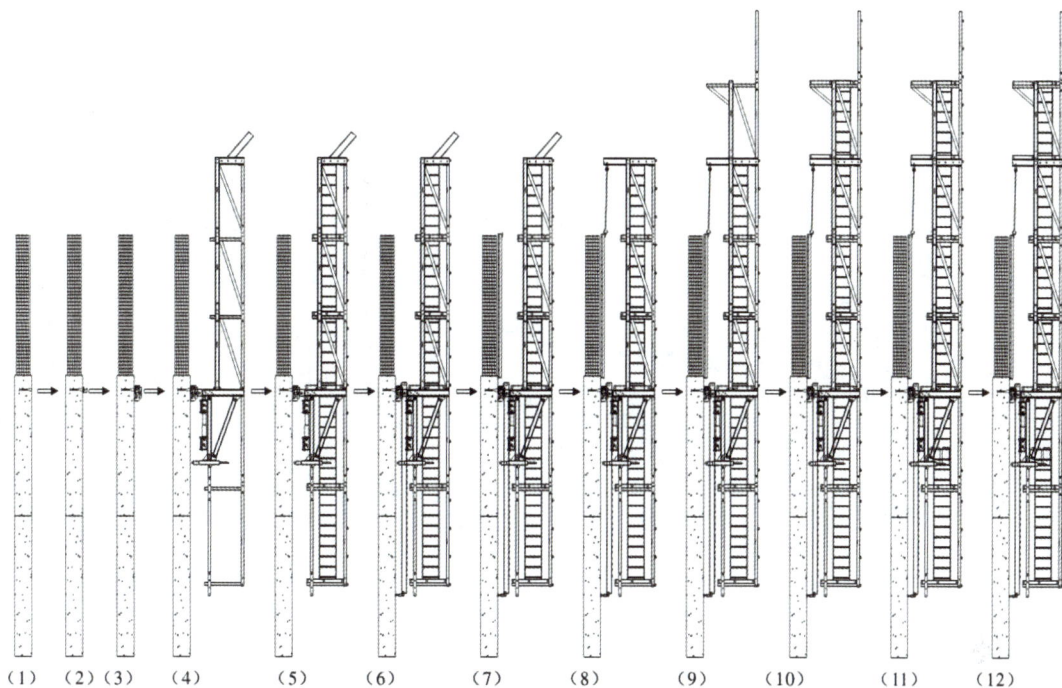

图 3-15 液压爬模安装流程图

(1) (2) (3) (4) (5) (6) (7) (8) (9) (10) (11) (12)

照脚手架体安装顺序依次组装完成后，再组装架体的顶部构件。安装架体的要求为：先从结构转角处端部进行安装，在地面上把架体底部单元组装好再逐步进行吊装组成架体，如图 3-16 所示。

第一步底部架体的地面组装。底部架体的地面组装，先组装架体的竖向主框架，再用水平桁架和脚手板连接各主框架单元，再安装安全网框，待组装完成后方可进行吊装。

图 3-16 架体拼装

第二步接高架体。待地面安装架体吊装完后，其余架体可随楼层增高在架上进行组装。首先安装附墙支座，然后逐跨组装竖向导轨，紧接着搭设主框架立杆、架体立杆、脚手板、斜撑支架及安全网框形成架体结构，先搭设第二步架体供主体结构施工使用。待架体主体高度安装到位后，架体顶部需作临时拉结处理。

第三步安装固定附墙支座。当最上层混凝土浇筑完成并等到强度等级达到 C20 后再安装附墙支座和提升设备。当主体混凝土结构模板拆除后，再把导轨的临时固定处的导向支座移动到穿墙螺杆处并与穿墙螺杆一块进行安装，两端各放置一个方垫片、弹簧垫片和双螺母进行紧固，穿墙螺杆的外侧外露丝扣一般不少于三个丝扣。支座固定方法如图 3-17 所示。

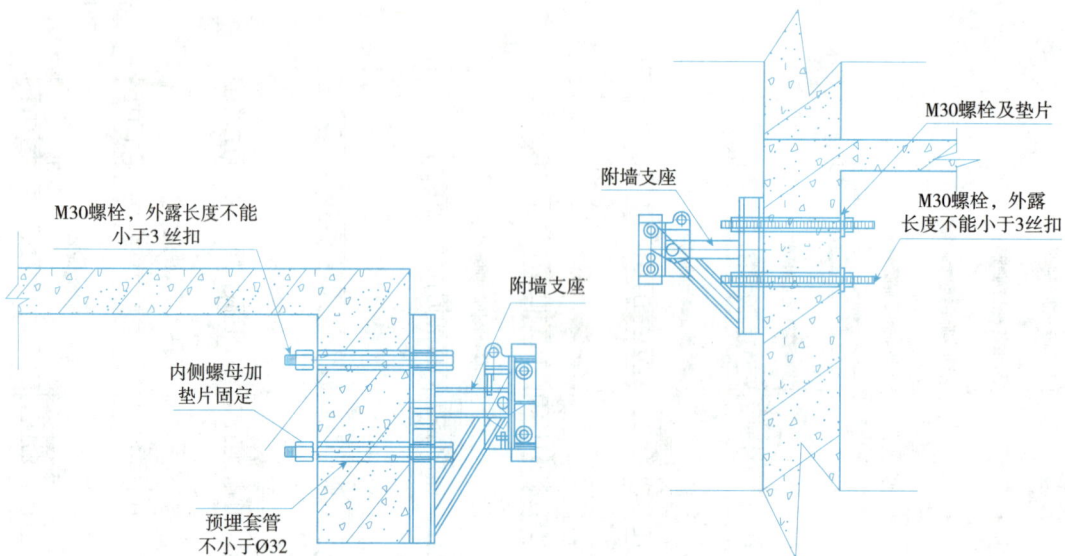

图 3-17　支座固定方法示意图

第四步安装升降系统。首先，在架体的预设位置，稳固地安装悬挂捯链，并连接好钢丝绳。钢丝绳需要绕过底部滑轮，然后通过附墙挂件牢固地连接在建筑结构上。这些附墙挂件位于附墙支座的下方，并使用穿墙螺栓进行固定。最后，确保捯链的电源线得到妥善固定。

第五步安装控制线路。其中配电线路必须由专业设计人员按照现行有关标准进行设计，并由专业人员进行安装施工。架体对应设置一台主控箱，其中每一个架体单元对应一台分控箱，架体周边放置电缆线并富余几米。所选用的每一个捯链都必须相同，在架体提升前需对捯链链条进行适当预紧，由主控箱给各个分控箱送电，保证每个架体单元能够保持同步上升。

3）爬模爬升流程

液压爬模爬升工艺流程如图 3-18 所示，流程如图 3-19 所示。

（1）升降前，安装上支座，要求最上端安装支座的楼层混凝土强度达到 C20 以上，并用穿墙螺栓将支座牢固拧紧，并用加力杆进行检测；将架体上模板、垃圾等物品进行

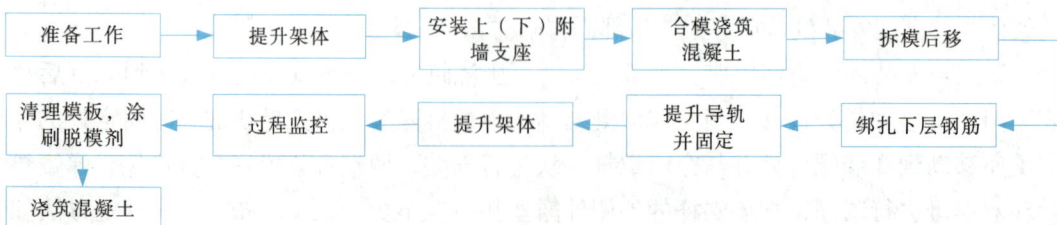

图 3-18　液压爬模爬升工艺流程

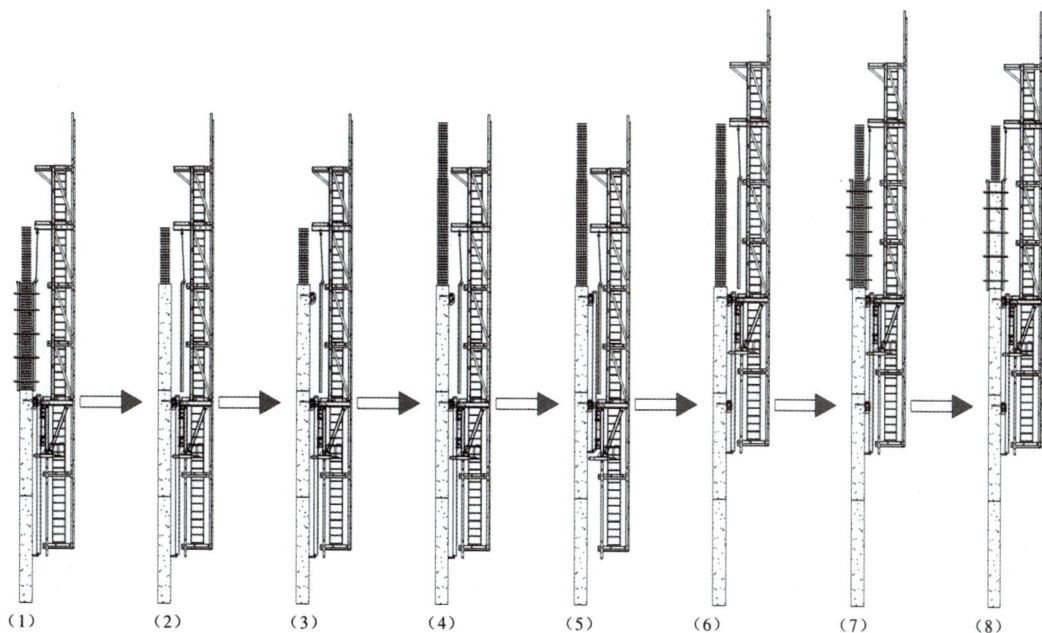

图 3-19　液压爬模爬升流程图

清除；对螺栓的连接、升降设备、附墙支座、防坠装置进行检查；检查预留孔的位移偏差；检查升降脚手架是否有连接物和障碍物等；对提升链条进行预紧，检查控制系统、钢丝绳、吊点等是否完好；为了消除预紧不均匀而引起架体捯链过大超载的现象，架体升降之前需对机位进行均匀预紧。

（2）升降中，架体在提升阶段提升时，在每个架体单元主框架上固定捯链，钢丝绳两端分别与捯链链条和架体底部滑轮相连。将所有捯链的链条张紧，进行同步提升，相邻两个架体单位升降高差控制在安全范围内，升降一段距离后将两个架体单元调平，同时盖好翻板；架体在下降前应做好准备工作，然后打开所有扣件，架体开始缓慢降落，当架体导轨与附墙支座分离后，将最上端的附墙支座拆除安装在架体与导轨对应的最下端。在架体的升降过程中每一个捯链链条和导轨必须处于同步状态，以确保架体在升降过程中的稳定。

4）架体拆除

架体拆除之前应先清除内部的障碍物等，对架体各个部位进行全面检查，按照自上而下的顺序进行拆除，拆下前用防坠绳将架体捆绑；利用起重机对主框架拆除前预紧，避免坠落；将架体穿墙螺栓拆卸前可以用铁丝将主框架固定，最后将主框架缓慢吊到开阔地面。架体拆除顺序与组装顺序相反，拆除前应根据实际情况确定分片拆除顺序和拆除单元大小。

3.3 混凝土智能化浇筑

3.3.1 商品混凝土智能化运输调度监控管理系统

商品混凝土智能化运输调度监控管理系统是一个集成了初端装料生产、中端配送及末端泵送模块的综合性系统。在初端装料生产模块，该系统配备了混凝土搅拌运输车、荷载传感器、料斗、出料口、料口闭合板、伸缩式液压缸、电路开关、倾倒口、称重秤和传输通道等关键设备。通过传送带将下部堆积的材料传送至生产模块顶部，确保精确配制各项材料。配制完成后，材料被倒入料斗进行混凝土搅拌。混凝土搅拌运输车与底部的荷载传感器相结合，能够实时获取搅拌车的自重变化，从而确保混凝土的精确装配。中端配送模块则融合了摄像头、显示屏、GPS和混凝土搅拌运输车等关键技术。GPS被用于记录搅拌运输车的位置信息，并与手机App中的高德地图相结合，根据交通拥堵状况选择最优化的运输配送路线。此外，该模块还具备远程监控功能，允许管理人员实时观察搅拌运输车司机的工作状态，并及时传达指令，确保运输过程的高效与安全（图3-20）。

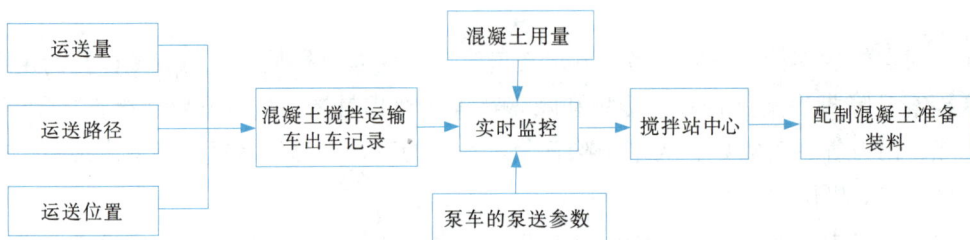

图 3-20 中端混凝土搅拌运输车监控流程图

末端泵送模块是商品混凝土智能化运输调度监控管理系统中至关重要的一个环节，它涵盖了多个关键组件，确保混凝土泵送过程的精确与高效。首先，荷载传感器被安装在泵灌底部，它的主要任务是实时记录泵灌的重量。通过持续的重量监测，系统可以精确地计算出混凝土的泵送量以及剩余量，为操作人员提供实时的数据支持。泵车和泵灌是混凝土泵送的核心设备。泵车负责将混凝土从搅拌运输车中抽取并泵送到指定位置，而泵灌则作为混凝土的暂时存储和泵送起点。为了确保泵送过程的精确控制，系统中还集成了混凝土流量计，它能够实时监测和记录混凝土的流量，为操作人员提供关于泵送速度和效率的实时反馈。此外，摄像头和显示屏被用于实时监控泵车的工作状态和周围环境。操作人员可以通过显示屏观察到泵车的实时画面，从而做出及时的判断和调整。GPS和激光测距仪则提供了泵车的精确定位功能。GPS能够记录泵车的地理位置，而激光测距仪则可以精确测量泵车与作业面之间的距离，确保泵送过程的准确性和安全性。最为重要的是，泵车内安装了远程监控设备，这使得搅拌站操作室中的操作人员能够远程监控泵车的工作状态，并实时传达指令。这种远程监控功能极大地提高了工作效率和灵活性，使得操作人员能够在第一时间对泵车进行调整和优化（图 3-21）。

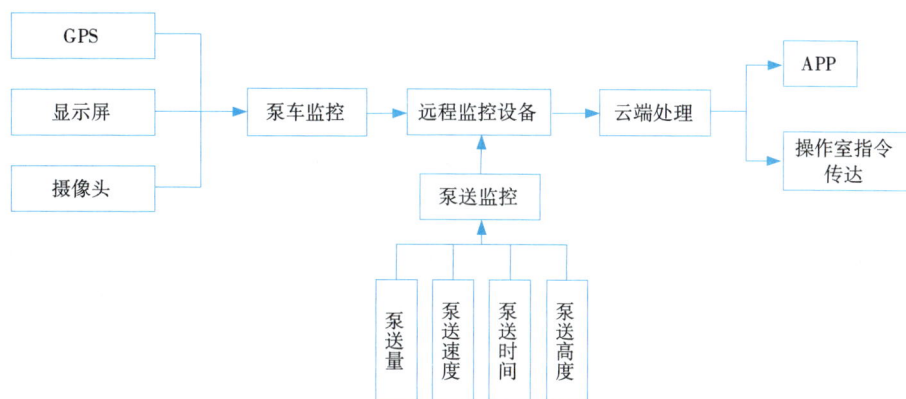

图 3-21　末端泵车监控流程图

　　驾驶员将搅拌运输车准确地开到荷重传感器上，确保车辆与传感器之间的稳定接触。接下来，操作人员打开料口闭合板，这一动作允许混凝土从出料口顺畅地倾倒进搅拌运输车中。在混凝土倾倒的过程中，荷重传感器持续工作，实时监测和记录搅拌运输车的重量变化。这一数据通过系统传输到操作界面，使操作人员能够准确掌握当前搅拌车内的混凝土量。通过这种方式，操作人员可以根据实际需要，精确地控制混凝土的装载量，确保每次装配都准确无误。当搅拌车内的混凝土量达到所需标准时，操作人员会及时关闭出料口，结束装料过程。

　　为确保混凝土的质量，在楼面板上安装了喷淋装置，专门用于在混凝土搅拌运输车罐体表面温度过高时进行降温。高温可能导致混凝土闪凝或假凝，进而影响其质量。喷淋装置能够及时为罐体降温，提高混凝土的质量稳定性。此外，还采用了含水率检测仪来精确检测混凝土的含水率。这一检测数据与实验室的配合比进行对比后，可以对混凝土进行必要的水分调整。在软管上安装了水表，它能精确读取流出的水体积，确保补水操作准确无误。通过这种方式，混凝土的含水率被调至最佳状态，从而保证了其工作性能和强度。为了进一步提高混凝土的保温效果，罐体上特别设计了内灌层、外灌层以及中间的保温隔热层。这三层结构有效地降低了外部环境温度对混凝土的影响，确保了混凝土在运输过程中的质量稳定。同时，为了实时监控和调度混凝土搅拌运输车和泵车，这些车辆上安装了 GPS、摄像头和显示屏，并与 App 上的高德地图相连接。这样，搅拌站操作室内的操作人员可以实时掌握车辆的位置和状态，及时下达指令给司机，确保混凝土能够准确、快速地配送到指定位置。在混凝土的生产过程中，材料首先通过传送带被输送到搅拌设备的顶部。然后，在上部进行精确的比例配制，省去了传统方法中需要大量人力将材料倒入搅拌设备的步骤。这种自动化流程不仅减少了场地面积的使用，还大大提高了施工效率。最后，泵车的泵灌和出料口底部安装了荷载传感器，能够实时监测其上搅拌运输车的重量。通过这一数据，可以精确计算出泵灌的混凝土剩余量和搅拌运输车内的混凝土量，从而确保混凝土搅拌运输车的准确装配和泵车的及时补给。这一系列措施共同确保了混凝土从生产到使用的全过程质量可控，提高了施工效率和质量。

3.3.2 智能化混凝土浇筑布料机

1. 电动布料机工作原理

将电动布料机的进料弯管与混凝土泵的配管末端相连接，可以构建一个完整的、连续的泵送施工输送管路。在混凝土泵送机构产生的持续工作压力推动下，料斗内的混凝土得以经由专门的混凝土输送管路进行传输。这一过程中，主梁架和二节管协同工作，进行必要的回转动作，以确保混凝土能够精确地输送到施工现场的各个布料点。这种协同工作的机制确保了混凝土布料的高效性和准确性，为建筑施工提供了坚实的物质基础。

2. 电动布料机结构组成

智能随动布料机整机由底座、大臂、配重臂、配重和吊管五部分组成，设备具有自动、随动、点动和人工四种操作模式。在自动模式下，设备以底座为原点，按需生成路径，在覆盖范围内自动布料。布料管尾端设置末端控制装置，随动模式下，布料机根据操作人员对手柄发出操作指令，根据算法驱动大小臂联合运动，实现单人布料作业。电动布料机的结构如图 3-22 所示。

图 3-22　电动布料机的结构

3. 布料机的安装和使用

1）支模架加固

为了保障模板支撑架体的稳固性和安全性，在布置布料机时，必须对其支撑部位进行专门的加固处理。加固的范围应当超出布料机支腿的直接覆盖范围，并向四周延伸至少 1.0m。可以通过以下措施来实现：（1）减小梁、板模板满堂支撑架立杆的间距，以增加支撑点的密度和稳定性；（2）在立杆底部增加垫板，以分散受力并提高承载能力；确保板底纵横向水平杆及剪刀撑满搭，以增强架体的整体刚度和稳定性；（3）在梁底增加扣件防滑措施，防止因布料机操作产生的振动导致架体失稳。布料机施工工艺流程如图 3-23 所示。

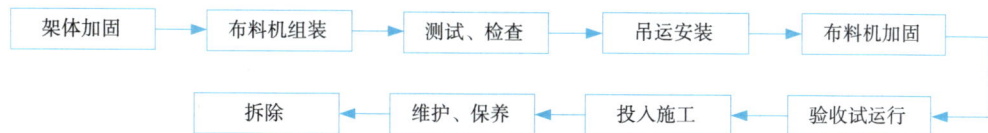

架体加固 → 布料机组装 → 测试、检查 → 吊运安装 → 布料机加固

拆除 ← 维护、保养 ← 投入施工 ← 验收试运行 ←

图 3-23　布料机施工工艺流程

为了确保布料机在工作时的稳定性，并保障混凝土结构的质量与钢筋的完整性，我们应尽量将布料机的四个支座放置在建筑结构的主梁和柱子上。在布料机支座的下方，应当安装木垫板，以分散和均匀传递布料机工作时产生的压力。木垫板的设置能够保护建筑结构，防止因集中受力而导致的损坏。当混凝土浇筑工作完成后，应及时取出木垫板，避免其对混凝土结构产生长期影响。同时，对于因木垫板使用而导致钢筋保护层减少的部位，应进行必要的修补和抹平工作，以确保混凝土结构的完整性和耐久性。

在面临现场条件限制，导致布料机的单个支座必须直接放置于板面上的情况下，为了保障施工安全和楼板结构的完整性，在将布料机吊装至板面之前，必须对板面楼板保护层垫块和马凳进行增强和加密处理。同时我们需要在支座下方设置高强度等级的混凝土垫块。这些垫块应设计得足够高，以确保它们与后续浇筑的混凝土形成一个整体，从而增强其结构强度。在垫块上方，我们需要铺设木垫板，这些木垫板应被放置在垫块之上，以提供额外的缓冲和分散压力的作用。这样可以确保布料机支腿与钢筋网片之间的间距至少为 200mm，这一间距的保证不仅有助于提升布料机的稳定性，而且能确保钢筋网片的安全。

2）布料机组装

（1）检查场地是否具备足够的作业空间，以确保布料机的组装作业面平整、坚实，不得有松软塌陷的情况。

（2）放置好下支撑，将四个支腿分别安装在指定位置，并使用插销进行固定。

（3）将支撑节吊起，并使其与下支撑座的泵管孔对准。这一步骤的关键在于确保吊装过程平稳，以便支撑节能够准确地对接到下支撑座上。对准后，使用螺栓进行紧固，以确保连接牢固可靠。这种连接方式没有特定的方向性要求，但我们需要确保吊装操作的稳定性和准确性，以避免在对接过程中产生不必要的偏差或损坏。

（4）将垂直泵管插入支撑节内。为了确保泵管在插入后保持稳定，使用固定卡进行临时固定。

（5）进行配重梁与主梁的拼装，并安装水平泵管。这一步骤的目的是确保布料机的主体结构稳固可靠，能够承受工作时的各种力量。在拼装完成后，安装两个拉杆，并进行调平紧固工作，以确保布料机的整体稳定性。最后，为了进一步提高布料机的稳定性和安全性，将主体垫高 0.5m 左右。

（6）连接悬臂泵管和出口弯头，调整斜拉钢丝绳的长度并用绳卡固定。为了调整布料高度，悬臂泵管出口端应稍翘起。然后将悬臂泵管旋转至梁侧下部，用绳索将其固定在梁侧下部，并使用临时绳索拴住。

（7）装好的主梁吊起，并确保主梁下部的回转支撑与支撑节的上部连接孔准确对准。这一步骤是关键性的，因为它确保了主梁与支撑节之间的稳定连接。对准后，我们使用螺栓进行紧固，确保连接牢固可靠。这种连接方式没有特定的方向性要求，但我们需要确保吊装操作的稳定性和准确性，以避免在对接过程中产生不必要的偏差或损坏。

（8）将配重箱吊装到指定的位置。这一步骤是非常重要的，因为配重箱的存在可以确保布料机在工作过程中的稳定性和平衡性。在配重箱吊装完成后，悬臂泵管就可以展开，准备进行后续的布料工作。

（9）将支撑节内的垂直泵管与主梁进料弯管进行连接。为了确保接口的密封性和防止泄漏，我们在接口处使用橡胶垫圈进行密封。连接完成后，对所有的螺栓紧固情况进行仔细地检查，确保每一个螺栓都已经拧紧。为了确保连接的紧固性和可靠性，必要时，使用力矩扳手进行复检。这一步骤的执行对于确保布料机在后续使用过程中能够稳定、高效地运行至关重要。

（10）在完成布料机的组装和安装后，进行试车操作，以检查布料机的稳定性、安全性和布料范围是否符合要求。试车过程中，通过大绳控制混凝土出料口和杆臂中心弯折处，让布料机在最大效果规模下运转一周。在试车过程中，密切关注布料机的运行状态，检查是否有异常声音、振动或泄漏等情况。同时，也对布料机的稳定性和安全性进行评估，确保其在工作过程中能够保持稳定、安全的运行状态。此外，还对布料范围进行检查，确保布料机能够覆盖所需的施工区域，并提供均匀的布料效果。

（11）在完成上述所有步骤后，布料机的组装工作将被视为完成。

3）布料机的加固

为了确保四方立架的稳定性，使用不小于 8mm 的钢丝绳进行拉紧固定，共计 4 道，以防止其倾斜。钢丝绳的端部通过花篮螺栓（或卡环）与板内梁筋紧密拉紧（锁牢），但特别注意不得固定在竖向钢筋上，以确保安全。在进行垂直布料时，应制作稳定的布料机空间桁架，使用架子钢管构建而成。为了增加其稳定性，需使用四根油丝绳进行拉紧。同时，为了确保安全，我们将花篮螺栓的保险销扣好，以防脱钩，并进行了额外的固定措施。

4）泵管架设

（1）在楼层中间设置混凝土输送立管时，需采取以下措施来确保其稳定性和安全性。首先，使用独立的钢管支架来固定立管，随后用钢丝绳进一步地紧固。这些支架与模板支撑架完全分开，以确保互不干扰和增加稳定性。在浇筑混凝土之前，需先进行立管立架的预埋和固定泵管的安装。在确保固定支架稳固可靠后，将泵管连接到要浇筑混凝土的楼层面，同时保证立管与固定支架之间的连接牢固不松动。接下来使用配套的弯管和软管将楼层上的泵管与立管连接起来，形成一个完整的混凝土输送系统。在所有的连接工作完成后，开始进行混凝土的浇筑。

（2）在连接混凝土泵管时，必须全面检查泵管内部是否清洗干净，接口处必须使用橡胶垫圈。混凝土泵管连接完成后，应再次检查螺栓的紧固情况。

（3）在混凝土浇筑过程中，采用从前往后的顺序进行浇筑。随着混凝土的逐渐浇筑，要及时拆除支架，以确保泵管能够随着浇筑的进度而移动。这一步骤需要谨慎操作，确保在拆除支架时不会对已浇筑的混凝土造成损害。最后，当混凝土浇筑完成并达到强度要求后，拆除所有楼面上的支架。

5）布料机验收

在布料机安装并吊运至屋面、经过固定完成后，验收工作是一项至关重要的环节。为了确保布料机的安全性和稳定性，必须由生产经理组织，机电部、安全部、技术部共同参与，对布料机进行全面的验收。验收过程中，各部门需要发挥其专业优势，对布料机的各个部分和功能进行仔细检查。只有当所有部门都确认布料机安装合格，并签署了验收表（表 3-2）后，才能进行混凝土的浇筑工作。

6）布料机使用过程管理

（1）在布料机使用前，为了确保混凝土浇筑过程的安全和效率，需准备好信号灯及对讲机，以实现双控通信。这样做可以确保在浇筑过程中，操作人员能够及时、准确地传达指令和信息，从而实现对布料机的精确控制。在柱、墙壁混凝土浇筑时，需特别关注灯灭泵停的原则。一旦信号灯熄灭，泵车必须立即停止工作，以确保浇筑作业的准确性和安全性。同时，为了确保及时响应，要在前台浇筑点提前 4s 叫停、灭灯，以预留出足够的反应时间。为确保通信的顺畅和准确，需配置专人进行通信联络，确保指令的及时传达和执行。在夜间施工时，要采取措施确保足够的亮度，特别是控制混凝土的人员必须配备手电筒，以便清晰地观察混凝土浇筑的高度和情况。这样可以避免由于视线不清导致的浇筑不准确或安全问题。

（2）为了确保混凝土浇筑的准确性和避免浪费，当布料机的出料口需要更改位置时，应采取特殊的包裹措施。具体来说，使用一条麻袋将出料口包裹起来，这样可以有效地防止混凝土在移动过程中溢出或落在地面上。这一步骤至关重要，它不仅能减少混凝土的浪费，还能确保施工现场的整洁和安全。一旦出料口到达新的出料位置，立即松开麻袋，确保混凝土能够顺利地流出并准确浇筑到目标位置。在整个操作过程中，工作人员会保持高度警惕，确保包裹和松开麻袋的时机准确无误。

（3）布料机的长度是经过精确计算和设计的，以确保其稳定性和安全性。因此，不允许随意增加布料机的长度。然而，如果在实际施工过程中确实需要接长布料机，那么必须谨慎操作，并遵循相关规定和安全标准。当布料机需要接长并超过其允许的工作半径时，为了确保其稳定性和安全性，必须在超出部分加设固定支撑进行保护。这些固定支撑能够有效地分散布料机在工作过程中产生的应力和振动，防止其发生倾斜或倒塌等安全事故。

混凝土布料机安装验收表　　　　　　　　　　　　表 3-2

工程名称				验收日期	
总包单位				设备型号	
使用单位				现场编号	
产权单位			监理单位		
验收项目	验收内容			验收结果	
技术资料	营业执照、产品合格证及产品使用说明书				
	安装、拆卸、操作人员的专项安全技术交底				
	混凝土施工方案含布料机安全使用措施				
安全要求	主体结构有无开焊或明显锈蚀，螺栓有无松动、缺损变形。泵管及接口装置是否安全可靠，旋转系统是否灵敏				
	液压装置是否符合要求				
	钢丝绳拉结（刚性支撑）是否符合要求				
	配重是否固定牢固，重量是否符合要求				
	场地、机体与临边距离、作业环境是否符合要求				
	钢丝绳是否达到报废标准				
电气系统（液压型）	配电系统是否符合《建筑与市政工程施工现场临时用电安全技术标准》JGJ/T 46—2024 要求				
	电源线有无接头、破损、老化现象				
	电气系统各种安全保护装置是否齐全、可靠				
	电气元件是否灵敏可靠				
	带电零件与机体间的绝缘电阻不应低于 0.5MΩ				
验收结论					
验收人签字	总包单位项目技术负责人	总包单位专职安全员	使用单位现场负责人		安装单位现场负责人

监理单位验收
符合验收程序，同意使用（　　　　　　）
不符合验收程序，重新组织验收（　　　　　）

监理工程师（签字）：　　　年　　　月　　　日

注：本表由产权单位填报，监理单位、总包单位、产权单位各存一份。

　　（4）在施工过程中，遇到堵管情况是常见的挑战之一。为了确保施工安全，需制定严格的应对措施。一旦发现堵管，必须立即将布料机吊至地面的安全位置，并进行稳固固定。这是为了防止在拆除和疏通泵管的过程中，布料机因不稳定而发生意外。在布料机固定好之后，专业的技术人员才能开始拆除并疏通堵塞的泵管。这一步骤需要谨慎操作，以避免对泵管造成进一步损坏。严禁在屋面上直接拆除泵管，因为这样做可能会增加施工风险，威胁到工作人员的安全。

　　（5）在清洗过程中，每次采用泵送清水时，都必须使用标准的清洗球，其目的是确保清洗效果，并防止其他物体可能对泵管造成的损害。严禁使用非标准物体代替清洗球，以确保清洗过程的安全和有效。清洗完毕后，需要将布料机与泵管进行拆除。在拆除过程中，首先要吊走配重，确保布料机身的稳定吊装。然后，小心地将布料机身吊至下一个工作位置，为下一次施工做好准备。在布料机安装好后，再次吊入配重，以确保布料机的稳定运行。然后，将重复前面的工作，包括使用砂浆和清水清洗泵管、使用标准清洗球进行泵送清水清洗等步骤，确保每次施工都能顺利进行（图 3-24）。

7）智能化混凝土表面抹平

智能收面机器人能够高效处理初步成型的混凝土表面，并适用于混凝土地面的提浆、压实和收面工作。该机器人主要由车体、抹平机构和高度驱动机构组成。抹平机构安装在车体上，并具备高度可调性，通过高度驱动机构来实现其高度的变化。高度驱动机构具有抬升和放下两种状态。在抬升状态下，驱动机构能够将抹平机构提升到离地面一定的高度，确保其在行进过程中不会与地面产生干涉。而在放下状态下，驱动机构则使抹平机构与地面紧密贴合，以实现有效的抹平作业。当智能收面机器人完成地面作业后需要转移位置时，操作员会启动高度驱动机构，将其调整至抬升状态。这样，抹平机构就能轻松脱离地面，避免在行进过程中与地面发生碰撞或干涉，从而保证机器人能够顺畅地移动到下一个工作地点。这种设计不仅提高了机器人的工作效率，而且延长了其使用寿命（图 3-25）。

图 3-24 布料机现场浇筑混凝土

图 3-25 抹平机器人

抹光机器人被设计用来完成混凝土的压光收光工序，其结构独特且功能全面。该机器人主要由底盘和两个主轴构成。每个主轴的顶端都装备了与底盘沿其轴向可转动连接的万向连接器，这种设计使得主轴能够在多个方向上灵活转动。而每个主轴的底端则用于连接叶片组件，这是实现抹光功能的关键部分。为了进一步增强机器人的机动性，两个主轴分别配备了第一换向机构，至少一个主轴还加装了第二换向机构。第一换向机构与底盘相连接，它的作用是驱动各主轴绕 Y 轴方向摆动，这样机器人就可以在不同的方向上进行抹光作业。而第二换向机构则与第一换向机构相连，它能够驱动对应的主轴绕

X轴方向摆动，进一步增加了机器人的操作灵活性。值得一提的是，这两个主轴的轴线是沿 X 轴方向排列设置的，这样的布局使得机器人在进行抹光作业时能够覆盖更广泛的区域，提高了作业效率。总的来说，抹光机器人通过其独特的结构和设计，能够轻松实现平移、转向及原地转动等多种操作。这不仅使得机器人在抹光过程中能够实现全向移动，还大大提高了其对于作业面边角的处理能力（图3-26）。

图 3-26　抹光机器人

　　为确保抹光作业的质量和效率，抹光机器人具体的操作工艺：首先，抹光机器人的投入时机至关重要。通常，在混凝土浇筑完成后的 8~10h 内，当混凝土的抗压强度达到 0.8~1.2MPa 时，即混凝土初凝后，是投入抹光机器人进行作业的最佳时机。这一时间点的选择旨在保障机器人在抹光过程中不会在混凝土地面上留下行走痕迹，同时也能确保二次抹光的效果达到最佳。在进行抹光作业时，一般从混凝土地面的一侧开始，顺序推进至另一侧。这种作业方式有助于确保抹光的均匀性和一致性。当面临较大的抹光面积时，为了提高施工速度，推荐进行分仓作业，并增加投入抹光机器人的数量。这样可以有效分担工作量，加快施工进度。关于单台抹光机器人的覆盖面积，建议控制在 150~200m^2 之间。这样的面积范围可以确保机器人在抹光作业中的效率和效果达到最佳平衡。

3.3.3　混凝土自动喷淋智能化养护

1. 自动喷淋的特点

　　混凝土浇捣后必须进行养护才能保证其强度不断增长，进而保证混凝土的成型质量。混凝土结构的传统养护方式为人工洒水，在高层施工中需增设加压水泵及相应管道，且必须三人配合，养护过程中造成大量养护水及人力、物力的消耗。

　　混凝土自动喷淋养护系统主要针对的是高层和大面积混凝土结构的养护，现有的养护手段均存在着某些不足，这在大面积混凝土养护过程中制约了养护的效率和效果。自动喷淋养护系统主要是利用压力罐将养护用水升至各楼层，采用自动控制系统、喷淋头对混凝土结构进行养护，保证了混凝土的及时、充分养护，并且在后期砌筑等工序，可以用作施工用水及消防用水。施工材料亦可循环利用，既保证了施工质量，又极大节约了成本。

　　混凝土自动喷淋养护系统主要具有以下三个显著特点：

　　第一，一般来说，供水支路都是需要支撑以保证养护用水能顺利喷洒到剪力墙上。但是，在该系统中，借助的是在模板搭设过程中的模板支撑杆件作为供水支路。一方面，节省了搭设过程中的人力、物力，另一方面也保证了供水支路的安全。与此同时，喷淋头是固定在支撑杆件之上的，这种固定保证了喷淋头不会受到施工人员的故意损坏，维护起来比较方便，且自动喷淋养护系统在全生命周期内，都是采用自动控制，减少了人为干扰。喷淋头的水量相比传统的用水更少，节约了水资源，但是效果却比人工养护更佳。因为喷淋头喷出的水雾具有均匀、细密的特点，可以做到对混凝土整体无死角的养护，能够达到全天候、全方位、全湿润的标准，避免因为人工养护不及时而造成养护质量出现问题，也减少了人工成本的消耗。

第二，自动喷淋养护系统还具有根据外界环境进行出水量调节的功能。例如，在正午温度比较高的时候，水分蒸发比较快，这时就需要加大出水量，保证水泥水化所需要的水量；在傍晚温度较低且空气湿度比较高的时候，出水量可以减少，节约了施工用水。此外，该系统形成的积水较少，即便出现积水的情况，也可将其重新收集至集水井。这些积水可以用作施工用水，例如在砂浆拌合过程中的用水；不但节约了施工用水，而且对于保护施工环境具有积极的意义，也在一定程度上降低了部分施工成本。

第三，自动喷淋养护系统保证了高层建筑混凝土的养护质量和效果。因为在高层混凝土养护中，需要的人工成本更多，养护人员的人身安全也受到威胁。而该系统解决了在高层混凝土养护不到位的问题，并且还能够保证不规则剪力墙的养护效果。

自动喷淋养护系统能够持续不断的对混凝土进行养护，提升了混凝土表面养护效果，减少混凝土表面裂缝的出现，而且对于保证高层混凝土实体效果具有积极的作用。

2. 自动喷淋养护混凝土施工工艺流程

1）按照需要养护的混凝土面积，计算确定设备、管道、喷淋头的规格、型号，结合楼层平面头，绘制出喷淋系统的加压系统布置图、喷头分布平面图。喷淋系统组成见图 3-27。

2）对设备基础砌筑，确保砌筑结构稳定安全，能够保证使用要求。材料和设备进场，水箱就位，按照上文所述安装完成，确保水源稳定，保证水箱结构稳定，并安排专人定期对水箱结构安全进行检查。

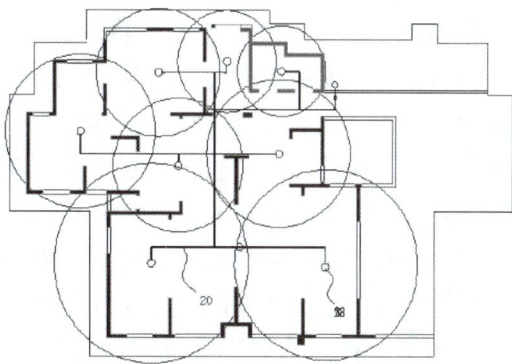

图 3-27 喷淋系统组成

3）加压系统进行安装，各项设备就位，应重点确保加压系统的安全，因为加压系统是保证将水送入高楼层的关键，楼层高时需要较大的压力，存在很大的安全隐患。因此，对于加压系统也应做好定期安全检查，确保"不带病"工作。

4）主管道及喷淋开关敷设，安装时应保证管道的严密性，确保不漏气、不漏水，有问题及时处理。需要注意的是，在首层浇筑前，应按照平面图敷设第一套管道，为后续的安装使用做好准备。

5）整体安装完成后，对系统进行调试及调整，当发现问题需要及时进行处理，防止造成安全隐患，影响整体系统的使用，从而导致混凝土养护效果不佳。

6）注意对养护效果的观察，并保证一定的巡查力度，以防系统在初始运行产生问题不能及时发现和处理。

喷淋头喷洒见图 3-28，现场混凝土喷洒养护见图 3-29。

图 3-28 喷淋头喷洒图

图 3-29 现场混凝土喷洒养护

3.4 大体积混凝土温度实时监测与可视化控制技术

在一些常见的大型项目中，其对承载力的要求相对较高，例如大型场站、高层建筑等，故而选择以大体积混凝土浇筑构筑物或基础。在这一施工过程中，温差裂缝难以得到有效控制。表面的温度裂缝发展趋势没有确定的规律，大面积构造的温度裂缝往往都是横纵交叉。表面温度裂缝常出现在施工过程中，宽度受温度改变的作用比较显著，冬天比较宽，夏天比较窄。表面温度裂缝大部分是因为温度差较高导致的。为保障基础或构筑物的质量，需要采取温度监测的手段以全面地了解大体积混凝土的温度情况，进而掌握温度条件对不同材料的影响规律。在此基础上可利用温度监测数据，优化混凝土的耐久性能。在当前大部分施工现场中，温度监测的方式以人工监测为主，通过手持温度计进行测温。但是，这一方式存在明显缺点，如数据的精准性相对较低、用工较多、用时较长等。

对于这一问题，利用温度实时监测与可视化数字技术可以对其进行改善。该技术应用于大体积混凝土工程施工中，用于防止混凝土浇筑内外温差过大而出现有害裂缝。监测数据可以准确、实时地反映浇筑块内温度条件，进而反映施工过程中所实施的技术手段的实际效果。这部分测温结果也将为下一阶段的温度控制提供科学的数据支撑。

3.4.1 基于物联网的大体积混凝土温度实时监测技术

在以往的工程实践中，温度监测手段存在显著缺点，如精准性较低、缺乏实时性、数字化分析能力不足、数据利用率较低、分析结果与实际施工脱节等。针对这一系列缺点与不足，利用物联网技术手段可以研发系统性的混凝土温度监测体系，进而形成无线温控平台。其具体组成如下。

1. 无线温度监测硬件设备

1）无线传输模块

大体积混凝土中测点的布置受施工实际情况和建筑物需求的影响，测点数量在数十个至数百个之间。布置的测温模块对距离也存在一定的限制条件，同时需要根据实际情况不断进行调整与优化。施工过程中产生的一系列不确定影响因子促使对模块间的通信能力提出更高的要求。在此条件下需要明确节点间的通信传输距离及在不同材料中的穿透性能。针对上述需求，可以采用 Zigbee 技术满足，该技术是一种融合传感、远程控制监控的数字化技术。选择 Zigbee 技术为通信模块存在显著优势，如能耗低、造价低、延时短、通信容量大、安全性高等。此外，结合施工现场的实际情况，可以对其进行多方面的优化，包括故障发生率、传输长度、信号强度、续航时长等，进而保障其可以适应不同的施工条件，最终确保测温结果的准确度与时效性，达到数字化温度监测的目的。

2）远程传输模块

远距离传输技术将决定用户能否随时随地得到实时的测温数据及相关分析结果并根据测温结果精准施策。该技术需要具备覆盖面广、实时在线、登录便捷等特点。而 GPRS 技术可以满足上述需求，其不仅具备上述特点，还具有通信传输效率高、造价低等优势。此外，在配置云端服务器后，测温数据具备了云端存储功能，用户利用浏览器即可查阅相关测温结果。

基于物联网的无线智能温度监控系统由温度传感器（图 3-30）、无线温度采集器（图 3-31）、无线中继器、GPRS 模块（图 3-32）和软件系统组成，其工作流程如图 3-33 所示。

2. 大体积混凝土温度实时监测工作流程

以项目实际条件作为依据，在此基础上设计监测体系，进而对施工地点进行测点布置，并以编号命名。为保障监测体系的正常运行，在其正式测温前应完成设备调试工作，即发布差异化的命令以采集不同的数据，根据数据结果分析各点位的运行状况。如果出

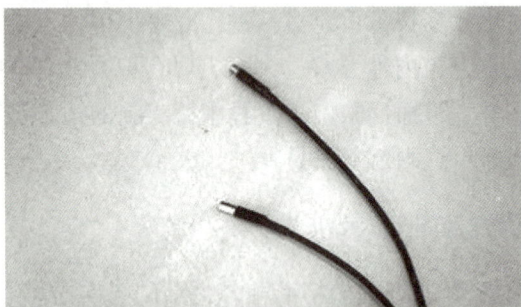

图 3-30　温度传感器

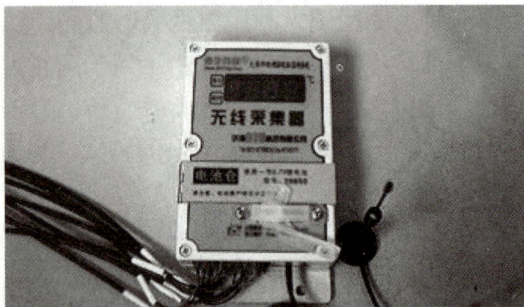

图 3-31　无线温度采集器

图 3-32　GPRS 模块

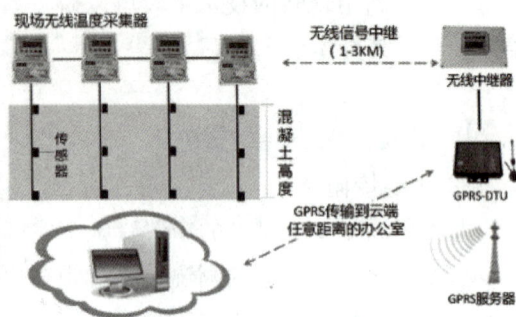

图 3-33　无线监测系统工作流程

现异常数据或数据未反馈的情况，安排检修人员逐段排查故障区间，同时分析故障原因是接线因素还是信号被障碍物屏蔽。若是接线因素导致，及时更换接线再次进行调试工作。若是障碍物屏蔽信号，重新布置测点安装位置。在调试工作完成后，即可发布温度监测命令，测点接受命令后投入监测运作，进而将监测数据传送至协调器。当测点与协调器间距离过长，或出现障碍物阻挡时，Zigbee 模块将发挥作用把相关数据传送至协调器。协调器在 GPRS 模块的运作下将数据发送至 GSM 网络，最后被传输到云端服务器，并在云端完成后续解码、分析处理工作。

3.4.2　大体积混凝土测温点布置及测温点埋设

测点设置范围应以建筑物的对称轴半轴为监测测试区。并在测试区域内，以平面分层的形式进行测点设置。一条测轴上，依结构的几何尺寸均匀布置 3~4 个监测断面。每一个监测断面沿混凝土浇筑体厚度方向在表面、中间和底面安装三个温度传感器。温度传感器安装应固定牢靠，传感器垂直向下不碰触钢筋，以便混凝土充分包裹传感器探头，每个传感器接头分别标好对应每个传感器所埋置的深度。

3.4.3　无线智能混凝土温度监控系统工艺流程

1. 工艺流程

施工准备→测温点埋设→无线采集器安装→集中器安装→混凝土浇筑→监测数据收集→监测数据整理查询。

2. 施工工艺

1）无线采集器安装

将无线采集器挂置在离底板面 1m 位置即可，无线采集器端口分别编号，根据编号记录每个端口连接的传感器探头的埋置深度，以区分混凝土内部温度，与传感器的埋置深度相对应。无线采集器采用低功耗设计，即时全智能数据采集，采集频率可设置为 3~30min，采集器开启后，将测温数据通过无线传输发送至集中器。

2）集中器的安装

集中器的配套装置安装完成后，在施工现场灵活选择布置地点，以信号强度为优先考虑因素，向上放置确保能覆盖接收到现场每一个采集器的数据传送信号，待混凝土浇筑完成后，开启集中器即可开始监测混凝土的温度。集中器通过 GPRS 传输功能，可将数据发送至云端存储，方便通过手机或电脑在物联网上随时随地查阅。

3）混凝土浇筑

浇筑时需要确保混凝土完全覆盖传感器的探头部位，并且应注意施工过程尽量避让探头、不触碰探头部位，减小探头损伤的可能性，进而降低传感器的故障率。

4）测温监测数据收集

施工现场测温点数据每间隔 3~30min 测试一次，在混凝土浇筑后，无线采集器通过预埋在混凝土中的传感器采集到温度，发送给集中器（亦称：主机），集中器利用 GPRS 信号发送到互联网云端存储，即时记录所监测的全部温度数据，并自动生成历史数据监测表。

5）测温检测数据整理查询

根据现场测温数据表物联网平台以曲线图方式直观描述温度变化情况，根据自动生成测温曲线趋势图可对大体积混凝土的升温、降温趋势提供科学的数据查询依据，随时查询大体积混凝土里、表温度差是否控制在 25℃范围之内，以检验大体积混凝土温控措施是否有效，并且在温度达到警戒值时自动报警。

3.4.4 基于物联网的大体积混凝土温度实时监测技术优点

1）及时性：所有监控数据均由系统自动完成，温度检测快速、准确、及时。

2）准确性：传感器探头埋设于混凝土中，能真实、有效、准确测量混凝土内部温度数据。

3）连续性及完整性：可根据实际需要设定监测频率，自动完成混凝土施工全过程的温度测量，并自动形成报告。

4）高效智能性：由监控设备自动进行温度测量、收集、整理、报告、自动报警等工作。只需根据需要设定监测频率、开始及结束时间、报警温度值等数据，技术人员也可通过终端随时、随地掌握混凝土温度变化，还可查询各区段的历史记录进行对比。

3.5 预制构件智能化加工与拼装

在智慧工地的建设中，预制构件智能化处理具有重要地位。在构件生产前，需要预先建立构件的数字化模型。例如板的类型、尺寸应尽量一致。此外，预制板的宽度设计也与构件的标准化程度相关，当宽度较大时，构件之间的接缝数量就相对较少，标准化水平就相对较低。《超限运输车辆行驶公路管理规定》限宽 2.5m，叠合板宽度不宜大于2.4m（不含出筋），不应大于 2.5m。

根据数字化模型指导构件的生产行为与施工步骤，可以改善生产与施工的质量，同时可以确保施工进度。首先，自动化生产车间减少了人工成本，并且保障了构件在尺寸上的精准性；其次，可实现异地加工，现场拼装，能有效提高施工效率，减少人力和时间成本。

预制构件是指在工厂中预先制作完成的建筑构件，主要包括预制剪力墙板、叠合板、预制楼梯、叠合梁、预制柱等。传统的安装施工过程中存在着预制构件的高精度与施工方法的粗糙性不匹配的问题，从而造成安装困难，耗费大量时间和人力资源。智能拼装是利用现代化信息技术结合 BIM 模型，对构件进行快速、精确地组装和安装，实现工厂和施工现场的无缝对接，大幅提高施工质量和安全。

3.5.1 钢筋智能加工与拼装

钢筋智能加工是预制构件生产的重要环节。目前，相当一部分预制构件生产车间配备了钢筋加工设备，可以满足钢筋加工的一系列工序，包括弯曲、剪切、绑扎等。现代化机械化的加工设备与传统加工相比，在产品质量与生产速率方面存在显著优势。图 3-34 所示即为钢筋智能化加工流程图。在准备阶段需要建立钢筋的数字化模型，进而利用 BIM 技术形成钢筋加工单，接着将相关数据输入生产设备，最终完成产品的加工与组装。

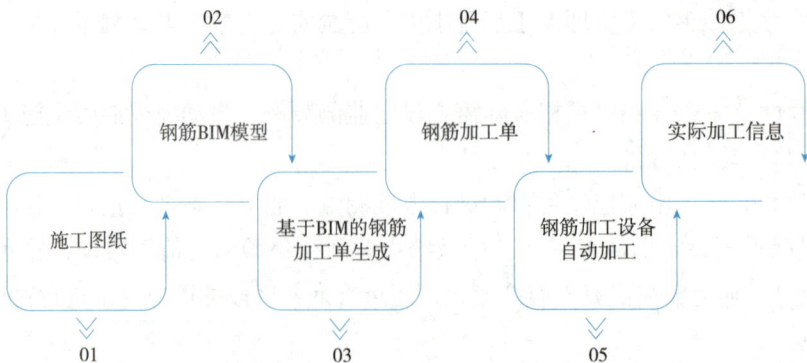

图 3-34 钢筋智能化加工流程

1. 钢筋数字化建模技术

将施工图纸中的钢筋信息转换为 BIM 模型信息是钢筋智能加工首先要完成的工作。钢筋数字化建模技术是利用计算机软件将钢筋的几何形状、材料性能等信息进行数字化建模和分析，可以提高钢筋设计的精度和效率。

1）钢筋 BIM 模型创建

市面主流的钢筋建模软件众多，主要包括 Revit、Allplan、Tekla 等，综合兼容性能与成本因素考虑，普遍采用 Revit 软件完成该项工作。

基于 Revit 的钢筋数字化建模的主要步骤如下：

第一，建立几何模型。该步骤需要将钢筋的几何信息在数字化模型中有所体现，例如长度、直径、弯折形式等。

第二，建立信息模型。该步骤需要对钢筋的基本信息进行编辑录入，包括型号、等级、数量、布置方式等。

利用 Revit 软件进行建模包括两个环节：准备环节和建模环节。在准备环节中，需要精准读图以便于准确设置钢筋的系列参数以及后续剖面建立等工作的开展。在建模环节中，需要确定工作平面，进而完成参数设定、形状设定等工作。图 3-35 所示为 Revit 钢筋模型。

图 3-35 Revit 钢筋模型

采用软件直接创建钢筋 BIM 模型可以准确地反映钢筋信息，但是工作量大，需要耗费大量时间。此外，利用翻样软件或者接口程序，通过 CAD 直接获取钢筋原始数据，也可实现高效建模。但这种方法对图纸标准化程度要求高，同时翻样过程中也容易造成钢筋信息丢失，后期需要复核。

2）空间协调和冲突检测

在钢筋建模主体工作完成后，其可能出现碰撞的问题，主要分为钢筋之间的、预埋件与钢筋之间的，以及保护层厚度不足等问题。对于上述问题需要及时处理，否则将对施工质量造成负面影响。

当前大部分软件都开发了相配套的碰撞检查插件，具备了检查碰撞问题的人性化功能，同时可以生成检查报告。如 Navisworks 软件，在完成钢筋建模工作后，应以工程实际条件与相关理论为依据，合理设置检测的条件。常见的检测条件如：为了便于施工而设计的施工间距、为保护钢筋而设计的保护层厚度公差值等。在检测条件输入后，可以生成检测报告，并且该软件具备了 3D 可视化功能以清晰地观测碰撞的构件与部位，具体图例如图 3-36 所示。

图 3-36 碰撞检查三维查看

根据生成的检测报告，可以明确钢筋模型存在的不足。如梁与梁、梁与柱的底筋碰撞和双向板底筋碰撞，可以采用竖向纵筋弯折方式解决竖向钢筋碰撞，同时可以采用截面内纵筋弯折方式解决水平钢筋碰撞。对碰撞问题进行改善处理可以减少后续加工工作，提升施工效率与成品质量。

2. 钢筋数字化加工技术

1）BIM 模型中钢筋信息的读取

根据钢筋在 BIM 模型中钢筋尺寸、类型等信息，生成加工设备认识的钢筋加工单，导入钢筋加工设备，通过数控机床进行自动加工。加工过程中，数控机床会根据设定的程序自动调整弯钩位置、弯折长度和形状，确保高精度和高质量的加工。

BIM 模型中的钢筋信息钢筋加工设备是不能直接读取的，需要进行转换。首先将 BIM 模型中的各种类型钢筋的详细信息导出为 BVBS 格式，并进行自动化处理，将格式转换并生成加工任务条形码，然后利用网络传输至钢筋数控加工机械，以扫描条码进行任务指令的下发，控制钢筋加工设备进行钢筋的精准加工。

2）成型钢筋数字化加工设备

钢筋加工一般在数字化钢筋集中加工厂进行，如图 3-37 所示。现代化钢筋加工设备主要分为钢筋调直切断机、钢筋弯箍机、剪切生产线等。该类设备在当前市面种类繁多，可以满足项目工程多元化需求，覆盖大部分直径范围、精度范围、原材料范围。例如，数控钢筋弯曲中心（图 3-38）能同时或独立正反弯曲各种形状钢筋，同时配备高强度自动储料架，可自动移动钢筋原料，可以大幅降低人工及成本。生产车间一般还配有加工三维钢筋的钢筋弯折机。通过设备三轴共同运动，可以弥补传统设备无法加工三维钢筋的不足，生产出异形钢筋。

钢筋智能化加工可以实现以下功能：

（1）自动化加工：通过预设程序和计算机控制，可以实现钢筋的自动化弯曲、剪切和定位，减少了人工操作的繁琐和时间成本。

（2）高精度加工：数字化加工技术可以根据设计需求进行精确的钢筋加工，确保加工结果的精度和一致性。

图 3-37　数字化钢筋集中加工厂　　　　　图 3-38　数控钢筋弯曲中心

（3）数据管理和追溯：借助计算机系统，可以对加工过程进行数据采集和记录，方便对每个钢筋进行追溯和管理，提高工程质量的控制和追踪能力。

（4）灵活性和可定制性：数字化加工技术可以根据项目需求快速调整加工参数和加工方式，满足不同形状和规格的钢筋加工要求。

3. 钢筋网片拼装技术

应用范围广泛、体系规范化是钢筋网片的特性。在加工过程中使用钢筋网片具有显著优势，如机械化程度高、生产效率较高、精准性好、便于调节等。由此促使其被诸多领域采用，包括地铁项目、隧道工程、桥梁工程等。

钢筋网片焊接机的构件组成包括：导线架、放线架、焊接主机、网片剪切装置、运输轨道、收集设备等，具体构造如图 3-39 所示。该机器在正常运行过程中不需要人工操

图 3-39　钢筋网片焊接机

作，其自身的横筋自动喂料系统确保了喂料的持续性。而纵筋步进送料装置提供了调节作用，便于调节纵筋间距，从而满足多元化需求。焊接机械手可自动对钢筋骨架实施焊接步骤。收集装置确保了网片的运输存储正常，使得网片可以自动码垛，减少人工成本。

在拼装过程中，需要以设计要求为理论依据，合理布置钢筋间距。设备利用矫直装置确保纵筋调直，同时配合送料装置与喂料装置以达到高精度投放横筋。接着进入焊接步骤，由焊接主机数字化操作，完成焊接任务。在该设备的一系列流程运行下，可提高钢筋产品在尺寸方面的精准度，达到受力合理、综合质量良好、节省物料，同时缩短了生产周期的目的。

3.5.2　预制混凝土构件智能加工与拼装

装配式建筑是实现智能建造的重要基础和前提。本节重点介绍预制混凝土构件数字化生产与智能拼装的两部分内容。

1. 预制构件数字化加工技术

1）全自动预制构件生产线

混凝土预制构件生产设备采用现代工业做法，工作模台流转作业，实现住宅预制构件批量生产，将传统现浇工地大量立体分散的工作，转移至工厂，大幅提高了功效，同时大量节省人工。预制底板和墙板属平面构件，其生产工作可以在车间流水线完成。该生产线需要配备混凝土布料机、振动密实装置、自动抹平设备、养护装置等，如图 3-40、图 3-41 所示。

（a）　　　　　　　　　　　　　　　　　（b）

（c）　　　　　　　　　　　　　　　　　（d）

图 3-40　预制构件流水生产线设备
（a）移动模台；（b）混凝土布料机；（c）混凝土振动台；（d）混凝土表面抹平机

　　2）智能预制混凝土构件自动生产线
工艺分析

　　大型智能 PC 构件自动生产线的流线
包括：边模流线、托盘流线、混凝土流
线、控制流线等。

　　托盘流线是生产加工过程中最主要的
流线，其具备加工处理的诸多功能，如划
线、布料、振捣密实、抹平处理、脱模养
护等。在该流线上，边模参与了大部分工
序。故此，边模也是重要的生产加工组成
部分。钢筋流线的工序包括钢筋剪切、弯曲、绑扎、焊接、布料、脱模养护、运输存储

图 3-41　预制构件流水生产线

等。混凝土流线的工序有仓储、配料、搅拌、振捣密实、抹平处理、脱模养护、运输等。
信息与控制流线发挥着类似于中枢系统的作用，其覆盖范围主要包括搅拌信息、布料信
息、养护信息等，进而辅助生产线根据实时反馈的信息优化生产活动。

中控系统统筹所有生产工序，覆盖全部流水线，可以高效控制托盘运动，实时监测设备运作及其相关数据。该系统具备主动发现错误信息的功能，可以自动对其进行分析并生成分析报告供用户查阅。用户可以根据分析结果，利用系统实现远程修复工作。在生产加工过程中的所有信息都将被汇总至中控系统，进而再通过该系统发布生产命令，调节优化生产加工活动。

2. 预制构件智能化拼装技术

预制构件智能化拼装技术通常需应用 BIM 术、RFID 芯片技术、虚拟仿真技术等信息化技术。由于 BIM 技术具备精度高、信息共享等优势，同时配合虚拟仿真技术，可以实现虚拟拼装和虚拟施工。在此基础上可以实现智慧施工，进而完成建筑物全生命周期的数字化管理。

1）预制构件虚拟拼装

虚拟拼装主要包含两个步骤：其一，在构件运输之前进行预拼装以及在设计阶段的预拼装；其二，为了便于施工同时保障建筑物质量，在深化设计过程中需要进行虚拟组装以检测设计的合理性与科学性，避免在施工过程中产生不利影响。当组装过程中发现不足与缺陷，可以及时进行反馈与调整，进而确保设计的科学化程度。

在构件出厂后，应将构件的一系列要素信息输入至数字化模型中，例如预埋件具体信息等。通过对实际要素信息的输入，可以调整数字化模型更贴合项目工程实际，进而减少生产误差对构件精度的影响。在虚拟拼装工作完成后，可以判断生产过程中产生的误差是否影响施工过程，对于不合格的产品应进行改造加工处理以满足要求。

2）RFID 技术与 BIM 技术的应用

RFID（Radio Frequency Identification）学名射频识别技术，是依靠电磁波进行通信的技术。该技术借助电磁波实现对特定对象的识别功能，并呈现该对象的一系列特定信息。随着智能建造的快速发展，RFID 技术将越来越多地与 BIM 技术有机结合，成为装配式建筑产业链信息共享的纽带。

在预制构件生产时，将 RFID 标签安装在构件上，可以将构件基本信息以及构件产品编号（ID）记录其中，赋予每一个构件一个独特"身份"。在构件运输阶段，预埋在预制构件中的 RFID 标签编码将有效地解决因混淆构件带来的影响。在现场施工阶段，RFID 读写器将快速传输构件的序列信息至中控系统，中控系统可以根据这部分信息部署吊装工作。

上述两种技术的融合运用将发挥显著作用，其不仅可以提升信息传输速率，还降低了信息传输过程中的错误率，相比于传统人工输入的方式有效提高了生产效率。此外，项目中产生的施工行为信息也可以借助 BIM 技术传输至生产车间，进而指导生产行为，实现上下游企业间信息共享，有利于工程顺利进行。

智能化拼装可以有效地提高建筑施工的精度和效率。它可以减少人工操作和误差，提高构件的一致性和质量。同时，数字化拼装还能够加快施工进度，缩短工期，节约成本。

第 4 章

钢结构智能化施工

本章要点 📖

1. 了解钢结构智能化施工的基本概念、研究现状、意义和未来趋势；
2. 掌握钢结构智能化施工过程中各阶段的新技术、新设备、新方法；
3. 学习钢结构智能化施工项目工程案例。

教学目标 📑

1. 了解钢结构智能化施工的重要阶段，了解智能化施工的关键过程，掌握钢结构智能化施工过程中新技术、新设备、新方法的应用，理解其对建筑行业发展的重要性；

2. 能够对比和分析各种智能化施工技术的优势与不足，运用智能化施工技术解决传统钢结构施工中的重点、难点和关键问题；

3. 能够根据钢结构施工的特点和各环节特征分析并合理规划智能技术手段，培养学生创新思维和团队协作能力，具备运用智能化施工技术和方法解决关键施工节点问题的基本能力。

案例引入 📄

北京大兴国际机场的落成，引发了全民关注。这座国内目前规格最高、最先进的机场象征了我国机场建设与运营的最高水平，如图4-1所示。走进北京大兴国际机场，满满的科技感与艺术感扑面而来。无线网络覆盖全场，一键瞬时联网；旅客在完成自助值机和自助行李托运后，打开北京大兴机场App，就能看到行李"走"到了哪里；在安检时，通过人脸识别即可完成无感身份识别、人包自动绑定，实现"刷脸"登机。施工智能化是智慧机场的重要特征，也是北京大兴国际机场推动数字化转型的关键部分。那么，智能化技术是如何让这座钢结构建筑变"聪明"的？

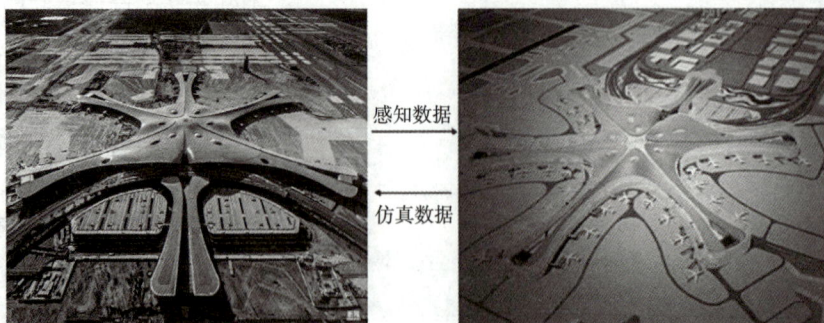

感知数据

仿真数据

图 4-1 北京大兴国际机场鸟瞰图

4.1 构件智能化空间定位

4.1.1 高精度预埋件定位

1. 预埋方案优化

根据不同的预埋件制定不同保证精度的预埋方案。主要预埋件在加工厂整体预制，提供高制作精度的轴线、标高控制点，现场通过监测控制点、预埋件与钢筋、模板支撑连接牢固来保证安装的精度。

施工管理人员需通过 BIM 软件进行精准的定位，明确各个结构以及构件的位置关系、相对坐标。同时，还可以将 BIM 技术用于精准放线，通过三维模型确定钢结构构件的空间坐标后，对全站仪等数字化仪器实施精准的放线工作。

钢柱预埋件的安装精度是重中之重，采用以下措施：钢柱预埋件在加工厂整体预制（图 4-2），并且与第一节柱预拼装。地脚螺栓之间用钢筋焊接成一个整体，保证了地脚螺栓之间的定位精度；与环形垫板之间用螺栓固定，在地脚螺栓和环形垫板上分别提供轴线、标高控制点。预埋时留出二次灌浆层（见钢柱的安装），环形垫板与地脚螺栓之间有间隙，环形垫板的标高、轴线、倾斜度可以微调，通过微调来保证第一节钢柱的标高、轴线、与环形垫板之间的结合。

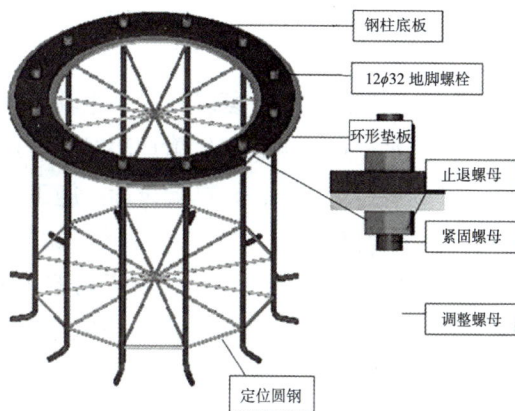

图 4-2 钢柱预埋件

2. 测量器具的检定与检验

为达到符合精度要求的测量成果，全站仪、经纬仪、水平仪、铅直仪、钢卷尺等必须经计量部门检定。除按规定周期进行检定外，在周期内的全站仪、经纬仪、水平仪等主要有关仪器，还应每 2~3 个月定期检校。

1）预埋件固定前的验线：复测控制网轴线及标高。验线成果与原放线成果两者之差若超过 1/1.414 限差时，予以返工。

2）预埋件固定后的验线：如不合格，予以修正或返工。

测控过程中，制定预控标准，比国家标准和招标文件要求高的标准，见表 4-1。

3. 钢结构安装整体测量定位

1）对钢结构安装测量的要求

（1）检定仪器和钢尺，要严格按照规定检查所用的钢尺和仪器，确保其准确性；

（2）基础验线，根据土建提供的控制点，测设柱轴线，并闭合复核；

建筑物定位轴线、基础上柱的定位轴线和标高的允许偏差　　　表 4-1

项目	允许偏差（mm）	预控偏差（mm）	图例
建筑物定位轴线	$\pm L/20000$，且不应大于 3.0	$\pm L/40000$，且不应大于 2.0	
基础上柱的定位轴线	1.0	1.0	
基础上柱底标高	± 2.0	± 1.0	基准点

（3）主轴线闭合，复验检查的主轴必须以土建所给的参考点为起点；

（4）水准点施测，采用附加法对水准点进行检查，其闭合差不得大于容许误差；

（5）根据现场条件，结合设计、施工需要，对钢结构的平面、高程进行合理布设。

2）平面控制

以实际工程为例，该工程采用内控法进行平面控制测量，由土建布置的平面控制网测设，并于地面首层楼板混凝土浇筑完后重新布设，确定控制网精度后提请监理、建设单位验收。当平面网验收并确认后，此控制网将引测至吊装施工层，用临时构架或电焊牢固固定在钢柱附近。再用其复核边长、角度相应关系：假定一点 Q 的坐标为（100，100），以此来计算各柱子在某一标高中心点的坐标，以便于进行定位和校正。如在规范容许范围内，再进行整体测量。

3）高程控制

（1）本工程钢结构按相对标高法进行控制测量；

（2）按周边原控制点高程，采用水准计在钢柱上布设 7 个左右水平点，在 4 层钢柱上设置 –15.60m 高程控制点，并做好标记；

（3）在已做好记号、复核合格的标高上，用 50m 的标准钢卷尺，对每一层的标高进行垂直测量，在同一层的标高上，检查每一层的标高是否有互相关闭的关系，以封闭后的标高为基准，做好标记。

4. 钢结构安装工程中的测量顺序

超高层钢结构安装施工中，测量、安装、高强度螺栓安装固定、焊接四个主要工序之间的协调协作是保证施工质量的关键。因此，要实现质量预控的目的，就必须遵循一定的程序，将测量工作贯穿到钢结构施工的全过程。在钢结构的安装测量中，首先要确定基准线，进行平面控制网的投测和闭合，然后再进行一系列的测量，如柱顶轴线的偏移值和立柱的标高的控制，最后进行钢柱的吊装。

1）初级阶段。初步校核是对钢柱定位中线进行控制与调整，其主要目标是确保钢柱连接处的相对对接尺寸满足规范要求，同时也要根据钢柱扭转、垂向、标高综合安装尺寸的要求，确保钢柱就位尺寸。

2）在梁的安装期间，对梁和柱进行跟踪监测。全面监测立柱的垂直度、梁的水平度偏差，并及时调整，确保立柱的垂直度、梁的水平度等均符合规范要求。

3）对连接板螺栓终旋后的跟踪监测，实现对高强度螺栓终旋过程的实时监测，掌握高强度螺栓终旋过程中产生的垂直度变化规律。

4）对焊接过程进行跟踪监测，以保证钢柱和钢梁在焊接过程中的允许偏差。在焊接完毕，尺寸符合验收规范要求后，对其进行现场测量，为下次吊装提供预控数据。

5）通过执行上述的施工监控程序，实施测量要求，实现了整个施工过程的质量控制，从而实现钢结构施工的持续改进。

5. 整体测量控制

钢结构整体测量控制的标准见"钢结构安装允许偏差表"。整体控制是从每一个框架（钢柱每节段和钢梁等组合的整体）的质量保证开始，而每个框架的控制是首先控制每根钢柱的综合偏差符合设计和规范要求，然后再控制每根钢梁的综合偏差符合设计和规范要求。因此，钢柱的测量是钢结构测量中的重点。

总体思路是：采用高精度仪器，用空间三维坐标定位测量方法解决复杂的结构的定位，制作的时候在加工厂提供高精度的定位轴线、观测点，合理的观测时间，严格的验线制度，在施工过程中进行跟踪观测控制，按合理的高标准进行预控、焊接中的预控等一整套措施来保证安装的精度。

1）钢柱的测量定位

采用经纬仪测控钢柱的垂直面，用全站仪、钢卷尺测量钢柱上、下节点，以核心筒为依托的垂直线的距离测量倾斜度的空间三维坐标定位测量方法彻底解决了每节柱的测量问题。由于钢柱的中心线是在一个平面内且这个平面是垂直地面的，再在这个面内设一根垂直线，柱的上、下中心点与垂直线的距离差就是每节柱的倾斜值。

在钢结构柱、梁安装过程完成后，用空间三维坐标定位技术，在柱顶面进行空间三维坐标定位跟踪检测，直到柱中心位置满足设计的要求。

（1）测量选用的仪器和工具必须准备齐全，其中经纬仪、水准仪及大盘尺等重要仪器、工具必须经过计量所检定，送检过的仪器、工具必须保证在符合使用的有效期内，并保留相应的检验合格证备查。钢柱测量程序如图4-3所示。

（2）为了控制安装误差，基于本工程特殊的结构形式，对每根柱均进行测量控制。钢柱的特点是在一个方向上是垂直的，在另一个方向上是倾斜的。根据其特点采用如下测量方法：一是垂直度的测控，以柱中心线为基准点，用经纬仪以基准点为依据对柱的

```
┌─────────────────────────────┐      ┌──────────────┐
│ 轴线激光点投测闭合、测量、放线 │      │  柱顶标高测量  │
└─────────────┬───────────────┘      └──────┬───────┘
┌─────────────┴───────────────┐      ┌──────┴───────┐
│    确定柱顶位移值超偏处理      │      │ 抄平结果与下节柱 │
└─────────────┬───────────────┘      └──────┬───────┘
              └──────────────┬──────────────┘
              ┌──────────────┴──────────────┐
              │     吊装钢柱，跟踪校正垂直度     │
              └──────────────┬──────────────┘
              ┌──────────────┴──────────────┐
              │ 柱垂直度校正，高强度螺栓初拧、终拧 │
              └──────────────┬──────────────┘
              ┌──────────────┴──────────────┐
              │ 整理测量记录，确定施焊顺序及特殊部位处理方法 │
              └──────────────┬──────────────┘
              ┌──────────────┴──────────────┐
              │       施焊中跟踪测量          │
              └──────────────┬──────────────┘
              ┌──────────────┴──────────────┐
              │    焊接合格后柱轴线偏差测量     │
              └──────────────┬──────────────┘
              ┌──────────────┴──────────────┐
              │          验收              │
              └──────────────┬──────────────┘
              ┌──────────────┴──────────────┐
              │    提供下节钢柱预控数据        │
              └─────────────────────────────┘
```

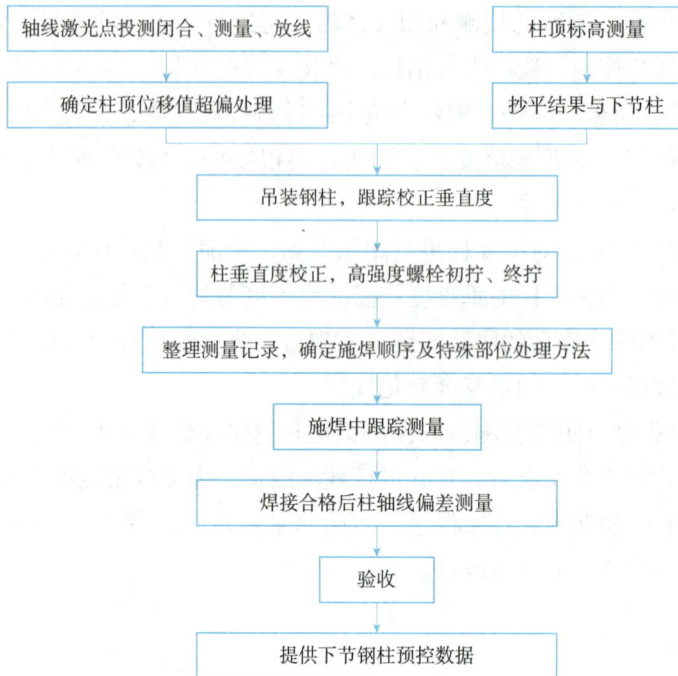

图 4-3 钢柱测量程序

垂直度进行观测；二是倾斜度的控制，先在钢柱顶部选择某一特定点作为基准点，由于核心筒是先浇筑的，在核心筒上柱的倾斜方向设置一根垂直线，它与中心轴线的距离是固定的，然后用钢尺量测量基准点与垂直线的距离 L_1、L_2，其距离值与理论值的比较就是倾斜度的误差。

（3）钢柱高强螺栓终拧前、终拧后轴线偏差测定。

2）钢梁的测量定位

钢梁的水平度、整体几何尺寸偏差、局部水平度、垂直度的测量都是常规测量，对照《钢结构工程施工质量验收标准》GB 50205—2020 进行测定。

钢结构的力学模型具有清晰、严密的特点，且对尺度的变化非常敏感。下料精度不高，易引起零件变形；安装过程中未在适当的位置上进行，从而影响其受力效应。同时，由于高层建筑的高度和体积的增大，其内部的位移累积十分明显，柱身等构件发生细微的位移就会引起较大的上部位移，从而导致结构受力变化，严重时还会引起工程质量事故。采用具有无线传输能力的测量机器人，对钢屋架的吊装进行实时追踪和定位，并对其与设计的偏差进行及时的分析，从而达到对钢结构进行快速、精确地安装。

（1）在空中进行散拼，采用智能全站仪，结合小棱镜、球面棱镜或反光板等技术，根据 3D 控制网结果，对吊装过程中各节点的三维坐标进行快速定位，并与设计误差进行实时对比，以引导钢构件快速精确定位。

（2）对于滑动装置，采用全站仪自动测量系统进行三维坐标测量，按照设计位置控制各关键特征点的平面坐标。

（3）对于整体吊装，采用电子水准仪放样或智能型全站仪放样等方法，对各关键特征点的高程进行实时定位。

（4）针对大型钢结构，采用 GPS 动态定位（RTK）技术，将多个流动站接收点布置在钢结构构件的不同部位，通过对流动站姿态的实时监测，完成大型钢结构的辅助安装。

6. 基于 BIM 技术的预埋件安装精准控制

预埋件的安装是整个钢结构安装的基本环节，其精度对上部钢结构安装的精度有很大影响，因此要严格控制预埋件的埋设精度和质量。基于上述因素，需要依据施工图纸对预埋件提前进行 BIM 深化设计，包括锚栓定位架、地脚锚栓的设计与定位等。根据预埋件的施工顺序提前进行施工模拟，导出 BIM 施工图纸与相关定位中线、定位点与标高等。以杭州市西湖区三墩双桥区块内项目为例，该项目总用地面积约为 42 万 m^2，总建筑面积约为 44 万 m^2（其中地上建筑面积约为 32 万 m^2，地下建筑面积约为 12 万 m^2）。项目东侧为幼儿园和小学，西侧为云涛北路，南侧为墩余路，北侧为预留规划地。工程项目中的钢结构体系主要包括以下部分：

1）学术会堂屋顶采用钢结构体系，全金属屋面。

2）学术环圆环采用钢框架结构体系，框架梁柱均采用钢柱、钢梁，楼板全部采用钢筋桁架楼承板组合楼板。

3）教师食堂及学生食堂采用金属屋面，包括钢柱、钢梁。

4）学术交流中心塔楼部分采用钢框架 – 混凝土核心筒结构体系，框架梁柱均采用钢柱、钢梁。核心筒施工领先于外框，因此钢结构的安装对筒体的定位和垂直度有着极高的精度控制要求。由于钢结构与土建工程的操作面位于不同高度，控制网相对独立，必须在测量系统、测量工艺和仪器配备等方面保持高度一致，确保施工测量的协调统一，并对筒外钢结构竖向变形差异及时进行调整和补偿。现场施工过程中，BIM 技术辅助控制预埋件精度的具体实施步骤如下：

（1）固定锚栓定位架。采用锚栓定位架可确定锚栓的安装精度与垂直度，在现场实施过程中，锚栓的固定须采用上下 2 层角钢，并且将锚栓与角钢焊接定位确保其垂直状态。

（2）测量放线。BIM 模型可导出相应的深化设计图纸，根据此图纸找出锚栓安装位置的控制线（基轴线或中心线等）及锚栓上角钢顶面的定位线等，及时通过全站仪对锚栓安装的位置与标高进行量测校核和复核。

（3）锚栓预埋及加固。根据锚栓定位架上角钢的纵横向中心线，复核其与前期测量的定位基准线的吻合度，随后采用水准仪校核定位架四角上锚栓的标高，若出现偏差需通过调整定位架的标高来校正。在结构混凝土浇筑时，为防止埋件的变形或移位，需对定位架采取额外的加固措施：定位架底部与底板钢筋焊接牢固，在定位架四周加设刚性支撑，待底板的钢筋绑扎完毕后，将预埋件与基础梁的钢筋焊接为一个整体，在锚栓固定前后根据 BIM 图纸吊点定位进行二次复核。

在底板混凝土浇筑前，须再次确认埋件的平面位置、整体的牢固性以及标高的准确性，从而确保混凝土浇筑过程中埋件不发生偏位。可在埋件上部的丝牙螺纹涂抹黄油，后用油纸包裹，其上再增加套管进行保护。浇筑过程中需实时监控埋件，当发生偏位时需及时调整。由于地脚螺栓的预埋精度直接关系到后期钢结构的安装质量，因此在定位架安装、混凝土浇筑前后须对埋件的位置多次复核，同时做好地脚螺栓的成品保护工作，减少土建工程施工过程的破坏，从而有效避免已安装的地脚螺栓出现松动或移位。

4.1.2　幕墙预埋件定位

幕墙在建筑中的应用日益增多，而其预埋件安装质量的优劣，将直接关系到以后的幕墙安装质量。在施工过程中，常见的质量问题是标高和轴线偏差。传统的人工标识预埋件易出现错误，且无法直接表示所需的信息，而 BIM 技术所生成的预埋优化图能够将其尺寸等细节与实际施工内容进行准确匹配，从而实现对所需材料的精准计算，极大地提升生产效率和品质，同时也可以防止由于现场加工制造和定位不准而造成的材料浪费，导致工程的建设费用和工程工期的增加。

利用 BIM 技术，可以有效地解决企业信息在生产过程的前、中、后三个阶段的建立、管理与传递等各个环节。通过 BIM 建模、三维建模、加工制造、装配仿真等方法，实现对幕墙厂房一体化过程的高效支持（图 4-4）。同时，BIM 技术的运用，也能把单元板在生产过程中产生的数据传送到下一步的物料搬运、货位存储等工序，实现对生产全过程的追踪与控制。应用于幕墙的智能建造是以 BIM 技术为核心，借助计算机技术、机械自动化技术，通过对装饰部品部件进行参数化、模数化设计，将设计模型与工厂加工车间连接，部品信息数据从图纸流转到加工车间再到施工现场，实现设计建模、加工生产、施工安装、拆卸维护无缝衔接的完整装饰体系，为建筑装饰的全生命周期管理提供支持（图 4-5、图 4-6）。

现以华南理工大学广州国际校区一期工程 3 栋装配式高层建筑为例，说明基于 BIM 技术的预制梁中幕墙预埋件精准定位的研究与应用。该校区一期工程建筑面积 28.36 万 m^2，是广州首个装配式建筑，占建筑总面积 30%，符合 A 类评定要求。装配式建筑用于材料

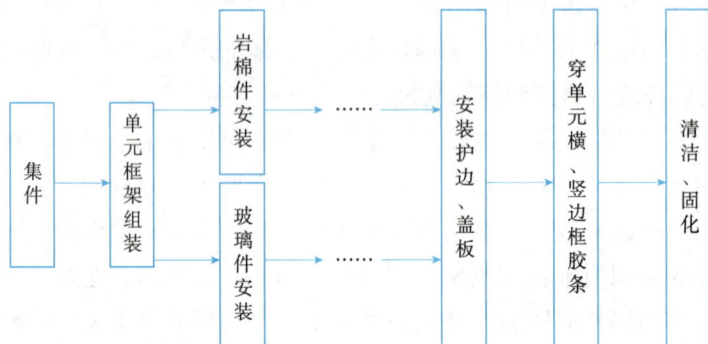

图 4-4　幕墙单元板块组装流程图

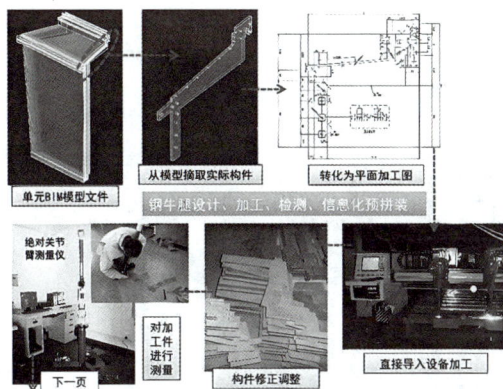

图 4-5 预拼装的实施步骤

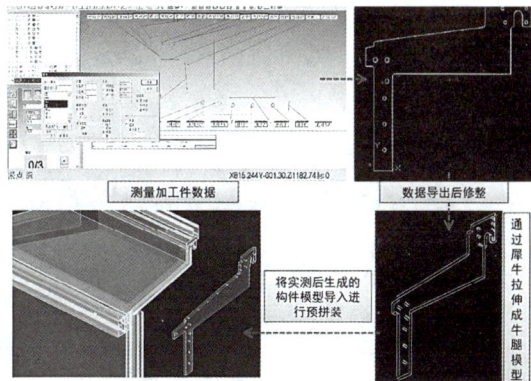

图 4-6 幕墙预拼装的实施步骤

基因中心、华工港科大联合研究院、华南岩土工程研究院 3 栋高层建筑（图 4-7），单体装配率达 60% 以上。

1. 工艺原理

1）运用 BIM 技术，对幕墙预埋件建立三维模型，将工艺参数与影响施工的属性联系起来，以反映施工模型与设计模型之间的交互作用。施工模型要具有可重用性，因此必须建立施工产品主模型描述框架。

2）传统施工中，建设工程各专业分开设计，导致图纸间冲突问题较多。BIM 技术通过三维模型，在虚拟的三维环境下直观地发现设计中的碰撞冲突，在施工前快速、全面、准确地检查出设计图纸中的错误、遗漏及碰撞等问题，减少由此产生的设计变更和工程洽商，大大提高施工现场生产效率，从而减少返工，节约成本，缩短工期，降低风险。

3）通过 BIM 技术，保持模型一致性及模型信息的可继承性，实现虚拟施工过程各阶段和各方面的有效集成。直观了解整个幕墙施工或幕墙安装环节的时间节点和工序，并清晰把握在施工过程中的难点和要点，从而优化方案，以提高施工效率和施工方案的安全性。幕墙安装 BIM 效果如图 4-8 所示。

2. 工艺流程

1）采用 BIM 技术进行三维建模，通过 ANSYS 进行有限元应力分析，以保证预埋的位置不会对结构造成影响，满足受力需求。

2）采用 BIM 技术实现 3D 漫游探测与施工仿真，对有误差或位置偏移的预埋件进行重点突出、标注，并依据成果对设计施工图进行复核，提前校验施工图纸。

3）将建立好的建筑模型导入到 Timeliner 中，通过 BIM 5D 对建筑进行建模，并进行碰撞检查。在优化后的模型基础上，再进行一次碰撞检测，直到无碰撞。

4）在 3D 模型上进行尺寸标定，确定最终施工方案，并进行 3D 可视化的技术交底。

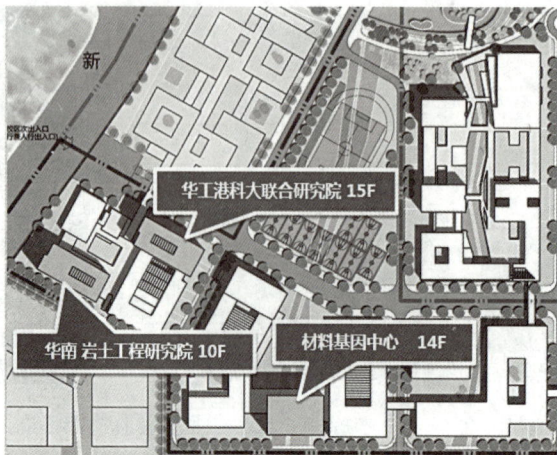

图 4-7　华南理工大学装配式建筑分布　　图 4-8　幕墙安装 BIM 效果

5）采用 BIM 技术，实现对每个梁的预埋点的精确定位，并在三维模型中标出其具体的位置。

6）安装龙骨。

从上述实例中可以看出，采用 BIM 技术进行空间建模可以综合考量，并对预埋件进行合理布局，从而最大限度地降低设计过程中出现的冲突。施工前，要对设计图中的错误、缺漏以及各专业之间的冲突等进行快速、全面地检查，对整体的幕墙施工或者是幕墙安装的各个阶段的时间节点和步骤都有直观认识，同时对施工中的困难和关键点能清楚掌握，以此对方案进行优化，提升施工的效率和安全。通过对幕墙预埋件进行精确的定位，能够将设计变更和工程洽商大大降低，使施工现场生产率得到极大的提升，提高施工质量，节省费用，缩短工期，减少风险。

4.2　钢结构智能化预拼装技术

4.2.1　构件运输与现场安装

1. 运输过程智能化模拟技术

在装配式钢结构构件的运输阶段，构件运输所需要的载具、构件的整体数量以及运输的批次数量都会影响到建筑工程的成本消耗。除上述几点影响因素外，在构件运输的过程中还要考虑到时间的消耗，如果没有选择最恰当的运输方式以及运输路线就会为建筑工程带来额外的成本消耗。综上所述，装配式钢结构构件的运输应选择最经济的方式，确保构件能够及时到达建筑工程施工现场，降低构件运输的成本消耗。

通过运用 BIM 这种信息化的技术手段可以推进构件运输的信息化及智能化，进而实现成本的降低。而 BIM 技术在工程构件运输阶段对成本管控的功能主要体现在以下两个方面。一方面，在运输装配式建筑构件的过程中，通常会根据运输的起始点以及运输过程中的地理条件规划运输路线。利用 BIM 技术可以实现地理信息的可视化以及模型化，构建出立体的地质模型，根据地理模型来规划构件运输的方式及路线，选择最适合、最经济的运输方式。另一方面，BIM 模型虽然是建筑构件各项信息数据的载体，但却无法将构件的状态信息进行实时记录。而运用 RFID 技术可以对构件进行自生产、运输到仓储管理的全过程跟踪监控，除此以外还可以精准获取构件运输过程中车辆的实时信息。综上所述，将 BIM 技术与 RFID 技术进行整合运用，可以有效提升构件运输路线的规划水平，在构件运输过程实现成本控制及管理。

当钢结构厂家距离施工现场较远，构件在运输过程中成品保护也是钢结构工程施工管理的关键内容。通过三维模式，将构件在车上的固定方式展示出来，便于装车后发车前对构件装车情况进行检查，同时确保构件运输到场后能够准确地吊装就位。下面以 BIM 在构件运输阶段协同管理应用为例，说明钢构件智能化运输过程。

1）运输阶段信息需求分析

通过数字化平台制订合理的构件运输方案，一方面，能够改变装配式建筑构件粗放式供应管理现状；另一方面，能够解决构件运输供给与运输方案不匹配的问题。这样不仅节约了运输和存储成本，而且能够协调装配工厂的生产进度、库存计划与施工现场的实际需求。运输阶段信息需求分析见表 4-2。

运输阶段信息需求分析　　　　　　　　　　　　表 4-2

运输部门	运输阶段信息需求
车辆运输部门	施工采购需求
	施工场地布置、现场库存需求
	构件运输及装卸时间
	施工计划进度与实际进度需求

2）运输方案模拟

构件运输前对各种构件的车辆、路径等进行模拟优化。对不同构件装载运输进行模拟，在规定条件下进行优化装载，提高构件装载率。不同构件车辆运输模拟见图 4-9。

图 4-9 不同构件车辆运输模拟

构件生产完成后，根据构件施工需求进行运输，构件出厂时需对构件质量、顺序、种类等进行检查核实，检查完成后将构建出厂信息上传到 BIM 平台。

3）物料跟踪

根据施工阶段提供的进度计划以及生产阶段提供的生产计划，运输阶段可提前设计运输计划。运输过程中通过扫描构件 RFID 标签，对构件相关信息进行跟踪管理。管理人员可通过登录平台账号，在 EveryBIM 平台上进行物料跟踪设置，见图 4-10。其中包括节点设置与跟踪模板，先进行节点设置，每个节点就相当跟踪模板里的一个流程，可任意拼装组合。

图 4-10　物料节点设置

跟踪模板设置首先通过"添加"进行模板设置并填写模板相关信息，然后将左侧节点，按流程先后顺序拖动到列表中，并选择某节点，进行连接。连接节点时，选中某个单个节点，右侧会出现节点属性设置，可分别设定每个步骤的跟踪人员，是否允许驳回移交，以及设置该流程的审批方式等。最后将流程从开始到结束节点完整连接后，点击保存，即设置完成。EveryBIM 平台物料跟踪流程设置见图 4-11。

随后，通过创建物料清单，在清单列表中，查看列表详情，根据构件状态选择构件进行批量更新、退回或转交等操作。清单完成后将物料清单导出，形成 word 版资料，管理人员可扫描表中二维码查看该清单详情，通过筛选，对相应构件进行批量物料跟踪状态更新操作。在清单内，点击"详情"可进行构件物料动态详情查看，见图 4-12。

构件信息导入后，预制构件的物料动态可在平台中展示，可以实时分析材料进场、开始施工、施工结束等的构件信息，对后期的装配式建筑建造和维修也提供可靠的依据。

2. 虚拟预拼装技术

钢结构由于结构强度高、塑性好、抗震性能强的特点广泛应用于建筑工程领域。随着社会的发展和科技的进步，建筑的高度越来越高，大跨度建筑的造型也越来越复杂，

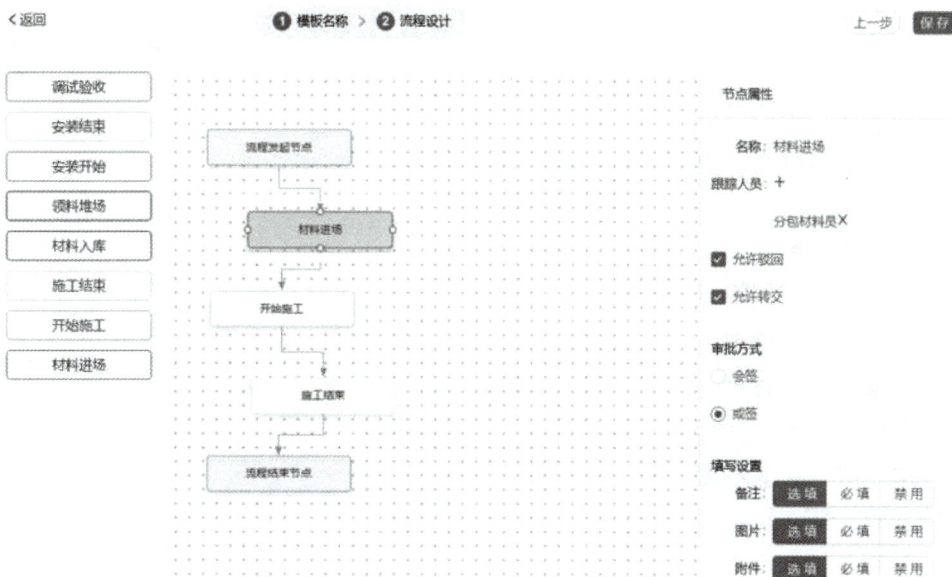

图 4-11　EveryBIM 平台物料跟踪流程设置

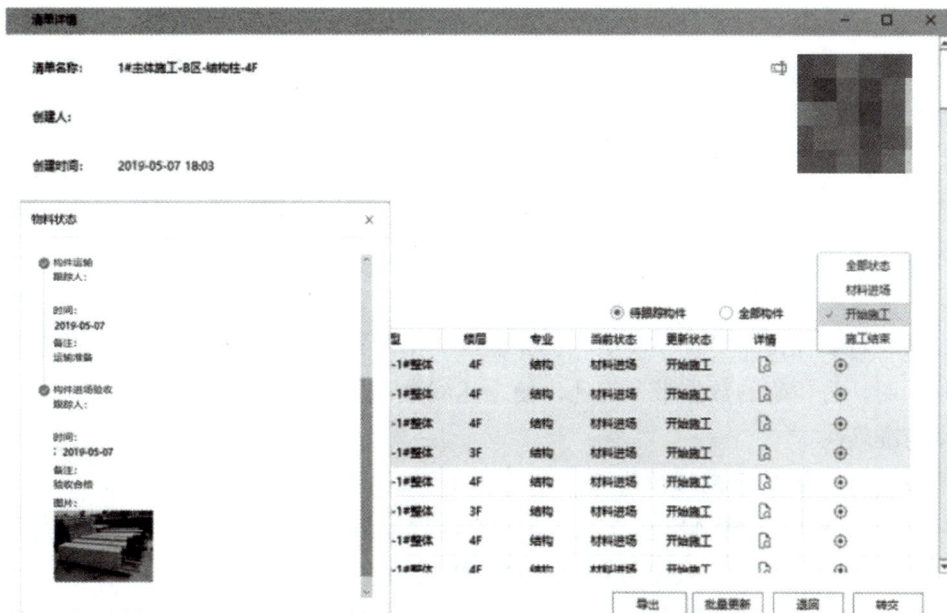

图 4-12　构件物料动态详情查看

不断涌现出诸如双向弯扭构件、曲线弯管、多支管交叉节点、空间铸钢节点等复杂异形构件。为确保构件的准确安装，一般在构件发往现场前需对构件进行预拼装。实体预拼装是保证空间关联构件在现场能够精准安装的有效措施，对于传统简单构件，通过人工测量如卷尺、钢尺测量就满足测量精度，但存在胎架和人力成本高、场地占用大以及效率低等不足。另外，由于复杂零件的尺寸检测很难采用传统的平面尺寸检查手段，存在测量误差大、精度难保证、零件质量难保证等问题。近几年来，随着计算机技术的发展及国内外相关研究地不断深入，智能化模拟预拼装已日趋成熟，其可靠性不断提高，在工程中的应用日益广泛。

钢结构智能预拼装技术的基本原理是采用测量工具获得构件测控点的坐标，经坐标变换得到各杆件各测点的坐标，从而得到各杆件各测点的坐标，并对各测点的坐标进行比较，得出各测点的误差值，从而判定该误差是否符合规范要求。该方法的主要步骤是：对被测量元件进行建模，选择测量点的个数和位置，以可视化的方式在模型中显示；利用全站仪对被测零件的实测数据进行定位，并将其输入到计算机建模系统中，通过坐标变换对误差进行分析，检验其加工组装的精度，从而获得所需要的修正调整信息，并对其进行必要的校正、修改和模拟拼装，直至达到精度要求，自动生成检测报告。模拟预拼装的流程如图 4-13 所示。

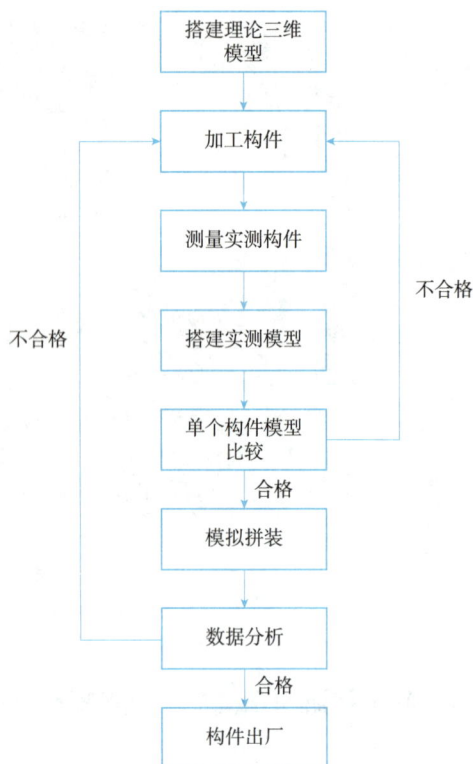

图 4-13　模拟预拼装的流程

为完成钢构件的虚拟预制装配，必须先对其进行实体虚拟，即将真实的构件精确地转化为数字模型。根据构件尺寸的不同，其转换方式也有很多。如，利用全站仪对某部位完成的点云数据进行全面地获取，并以此为基础建立三维可视化模型。通过与 BIM 模型相比较，将实体偏差呈现在模型中，并输出测量的实值数据，确保数据的准确性和客观性。同时，将精确的数据带入工地，使之达到数字化、智能化的目的，进而提升工作的效率与准确性。

唐际宇等人将数字模拟预拼装工艺用于昆明机场航站楼钢彩带的安装。昆明机场候机楼承重结构由 7 根钢条组成，共 478 个构件，重 1.66 万 t，是一种空间弯扭构件（图 4-14），构件的制造精度和界面尺寸都有较高的要求，其预组装难度很大。基于此，该项目提出智能化模拟拼装方法。其基本原则为：依据理论模型，绘制组装工序图，并确定胎架的安装位置、标高和各控制点的坐标；接着按照工艺图纸安装胎架，将构件吊装到位；通过尺寸测量，获得构件的坐标，并将其与理论坐标作对比，并将误差部分输入电脑进行模型检验。其区别于实体预制装配的关键在于，各个部件的胎架无须安装在一起，而是可以分别安装。

1）虚拟预拼装技术主要内容

（1）依据图形设计、制造、安装等技术文件，将设计、制造、安装的三维几何模型整合成统一的输入文件，由该模型推导出分段构件及相应零部件的加工制造细节。

图 4-14　昆明机场航站楼钢彩带

（2）构件加工完成后，采用全站仪对其外部轮廓控制点的三维坐标进行测量。首先，将全站仪测点与坐标原点相对应，并将其在坐标系统中的位置点（棱柱点）的坐标进行转换与显示。其次，通过对测高、棱镜高度的设定，得到目标点上的坐标。最后，设定已知点的方位角，对棱镜测得的影像进行校准，并做好验证坐标的记录。

（3）计算机模拟拼装，形成实体构件的轮廓模型。将测量得到的各控制点的坐标输入 Excel 表，并转换为（x、y、z）格式。采集构件各个控制点的三维坐标数据，并进行汇总。在此基础上，按照施工图纸的要求，对胎架、标高、各个控制点的坐标进行仿真设定。通过将各个构件本身的坐标转换成整体坐标，模拟吊装胎架的位置，并对各个控制点的坐标值进行测量。

（4）把所建立的理论模型输入到 3D 绘图软件中，实现对测量得到的整体预制装配坐标系统的合理插入。

（5）通过拟合的方式，对比装配过程中各部件的仿真装配模型，得到分段构件和端口的加工误差以及构件间的连接误差。

（6）对有关数据记录进行统计与分析，对不符合标准容许误差及现场装配精度的分段构件或部件，修正后再进行测量、组装、比对，直到满足精度要求。

2）基于三维扫描的钢结构预拼装

基于 3D 扫描仪测量的钢结构模拟预拼装技术就是用 3D 扫描仪替代全站仪对钢构件进行更精密的测量，该技术可以实现钢结构构件的模型化和数字化。通过对所有生产的钢构件实施三维激光扫描，并将得到的三维点云数据传输至云端，在专用软件中进行智能处理、点云配准、构件尺寸检测和智能预拼装，从而达到精度分析。在多尺度点云数据采集时，针对较大尺寸的构件，可使用陆地式三维激光扫描仪进行扫描；在螺栓孔细部等精细化部分，可使用手持式三维激光扫描仪进行扫描，扫描结果均在计算机上实时显示。基于 3D 扫描测量的模拟预拼装流程如图 4-15 所示。

钢构件虚拟预拼装对构件的扫描精度要求较高，因此在对构件进行扫描前对现场进行勘察，根据构件的尺寸大小、截面形式、周边环境确定站点的位置及标靶的位置。站点位置及标靶位置应尽量均匀，为了获取构件的完整信息，在每次更换站点时应有 30% 的重复扫描区域，对于扫描仪可扫的范围应保持 90% 以上的数据完整性。对于构件的关键部位，比如结构的连接处，应该重点对待，精细扫描，进行数据补充，进一步提高数据完整性。

以厦门健康步道（狐尾山 - 仙岳山 - 湖边水库 - 观音山步道）景观提升工程为例，该工程是厦门岛中北部重要的生态节点，是贯穿厦门岛东西方向的山海步行通廊，全长约 22.2km。本案例中桥梁结构为厦门健康步道 B 标段节点七（图 4-16），为增加行走体验感及趣味性，桥位上跨仙岳山庄侧山谷，属于林中大跨节点桥梁，高差达 30m，可俯瞰筼筜湖，主桥采用 90m 张弦桁架桥，桥梁全长 156m，桥面宽度 4m。

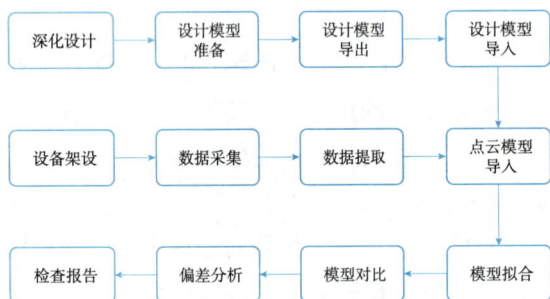

图 4-15 基于 3D 扫描测量的模拟预拼装流程

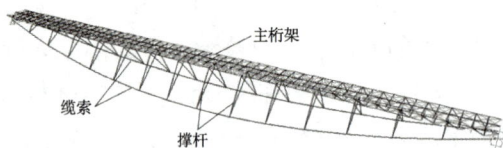

图 4-16 主桥桥梁整体图

（1）主杆件建模：桁架结构空间腹杆形式复杂，一般建模软件提供的快捷建模工具无法覆盖，需要不断反复调整，耗时较多，同时容易出错，利用 Solidworks 软件与 3D3S Design 的接口技术，将初步设计完成的主桥线杆模型转化为三维实体模型，为后续的节点细部深化建立框架基础，避免二次翻模。

（2）标准节点建模：对于常规形式的细部节点，可利用 Solidworks 软件中内置的 250 多个节点进行参数化生成，无须从零开始拼装，以主桥拼接节点为例（图 4-17、图 4-18），该位置一般为刚性法兰连接，通过程序内置的法兰节点，设置合适的节点参数即能一键生成。

（3）非标准参数化节点：对于以锁夹节点为主的非标准节点，拼装难度较大，且不同位置无法通过复制、镜像等方式批量生成。Solidworks 软件中研发了参数化节点的功能，可以以相邻零件的位置作为参照，建立参数化的建模方式，并将操作过程进行记录，用于不同位置节点的快速生成（图 4-19），大大提高了建模效率，参数化操作过程见图 4-20。

（4）锁夹零件：对于部分异形的拉伸零件，可采用自定义截面的方式生成，以锁夹为例，夹具呈不规则形状（图 4-21），难以通过一般的折板、曲面板进行建模，本软件将其视作杆件，利用自定义截面的功能，首先在草图中进行断面形状的描绘或可直接由设计图中复制，然后导入程序进行截面识别，再以生成杆件的方式进行建模，三维模型效果如图 4-22 所示。

选取驻马店国际会展中心为例，该会展中心总体形态呈边长 390m 的圆边正三角形，中央为一个庭院，东西两侧和三角形顶端为展览空间，建筑面积约为 15.1 万 m^2。地下一层、地上二层、局部有夹层，分为东区、西区和南侧三个部分。东区、西区对称布置，

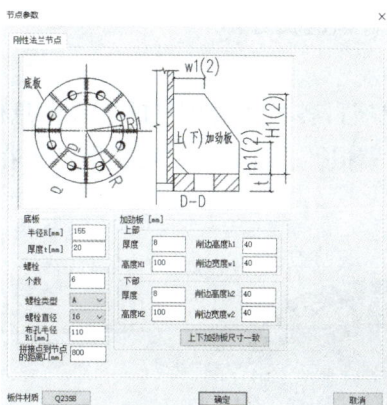

图 4-17　法兰连接参数化生成界面

图 4-18　主桥拼接节点

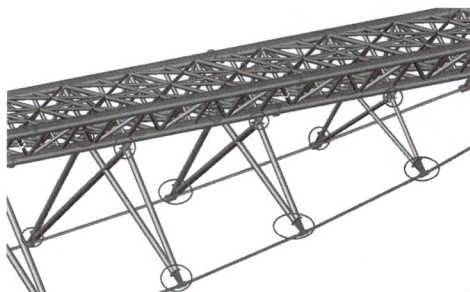

图 4-19　参数化节点批量生成

图 4-20　参数化节点操作过程

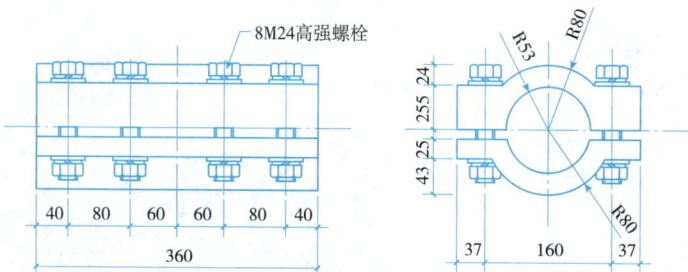

图 4-21　锁夹零件设计图

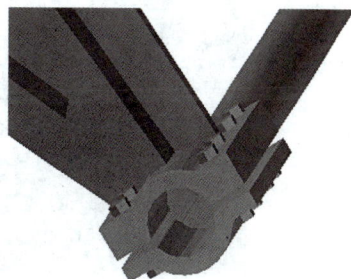

图 4-22　三维模型效果图

由四个大展厅组成,大展厅平均宽度 105m、长 126m。三角形顶部为:展厅 A(西侧顶点展厅)、展厅 D(北侧顶点和展厅)、展厅 G(东侧顶点)。本工程采用钢框架 + 屋盖钢桁架结构,主要由钢柱(劲性钢柱和钢管柱)、钢梁、钢桁架屋盖、屈曲支撑(BRB)钢拉索和其他附属钢结构组成,总用钢量约 2.8 万 t,材质为 Q345B、Q235B,如图 4-23 所示。

在系统中选取预拼装的构件,将其放在空旷的场地上,设置好标靶及 3D 扫描仪的位置。待前期工作准备完毕后,使用 3D 扫描仪对构件进行测量,获得构件的点云模型,如图 4-24 所示。

将点云模型导入预拼装系统,与设计模型进行比对拟合,得到误差结果,误差结果表明点云模型与设计模型中最大误差为 1.01mm,拟合情况良好。

3)基于 BIM 技术的钢结构预拼装

BIM 是以三维数字技术为基础,集成建设工程项目各类相关信息的工程信息模型,BIM 技术以其独特的五大特点(可视化、协调性、模拟性、优化性、可出图性)在建筑

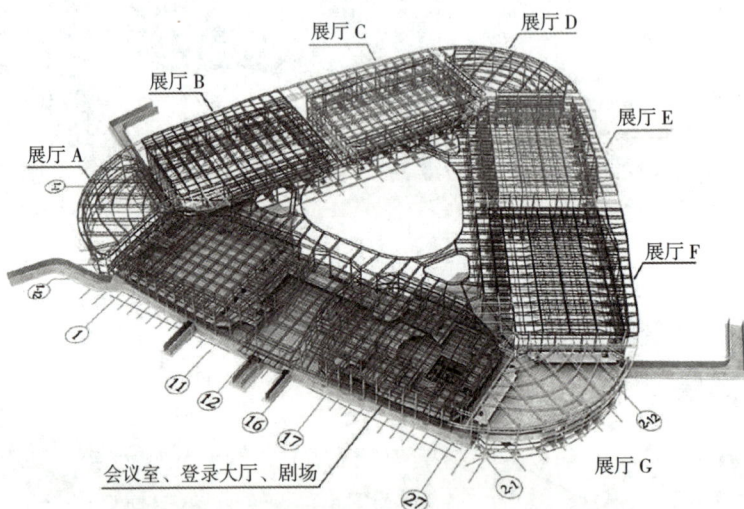

图 4-23 驻马店国际会展中心钢结构区域分布图

图 4-24 点云模型

工程领域得到了广泛应用。通过 BIM 建立的工程三维模型，包含了所有构件的信息，方便对工程进行管理，还可通过参数化设置及时更改构建的尺寸等信息。

对于关键节点安全问题的预防，需要从设计阶段开始考虑，传统各专业的模型设计由各专业专用软件完成后再进行整合，错误细节较多。BIM 技术可以提供多专业协同作业平台，将各专业模型进行整合，以三维方式进行编辑。以常用 BIM 软件为例，在 Revit 进行 BIM 建模后，将模型导入外部工具 Navisworks 进行碰撞检测，排除与结构、机电管线的碰撞。对基本修正后的 BIM 模型进行钢结构预拼装模拟，检查钢结构拼装中的错误，保证钢结构拼装的安全性，如图 4-25 所示。

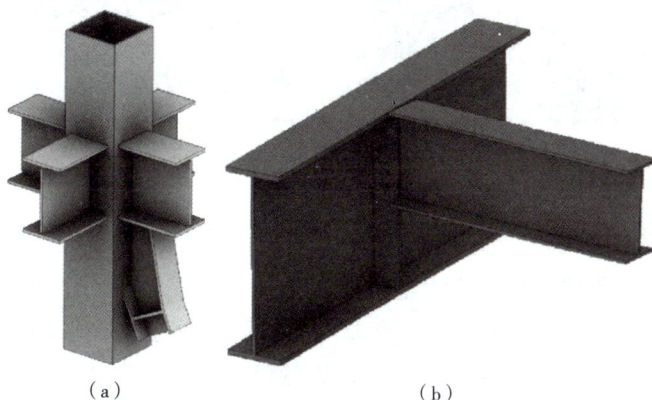

（a） （b）
图 4-25 钢结构节点的 BIM 拼装模型
（a）箱形钢柱节点；（b）主次梁节点

BIM 技术可以通过与增强现实技术的结合，对钢结构 BIM 模型进行展示与编辑，将 BIM 模型的"软件"模式转换为"沙盘"模式，更直观全面地展示设计细节与预期效果，更易暴露设计中的安全问题。在预拼装建立模型时，通过 BIM 技术分别建立实测构件和理论构件的三维模型，不仅可以记录特征点的坐标值，实现坐标拟合，还可以将预拼装结果以三维可视化方式显示出来，方便进行修改调整，对整个模型外部轮廓进行拟合，得出除特征点坐标外的模型拟合误差。

北京大兴国际机场航站楼工程是机场建设的核心工程，无论是工程的规模体量，还是技术的复杂程度，均为国际类似工程之最。它是目前世界最大的单体航站楼，世界最大的单体减隔震建筑，世界首座实现高铁下穿的机场航站楼，世界首座三层出发双层到达、实现便捷"三进两出"的航站楼。航站楼核心区是这项超级工程中结构最复杂、功能最强大、施工难度最大的部位。北京大兴国际机场航站楼采用了全新的功能布局和流程设计，采用集中式构型规划组织旅客人流，建筑设计上采用了超大平面布置，主航站楼首层混凝土楼板尺寸达 565m×437m，近似于方形，面积约 16 万 m^2。主航站楼建筑面积为 60 万 m^2，地下二层、地上四层（局部五层），屋盖投影面积达 18 万 m^2，屋面最高点标高为 50.9m。室内呈超大平面、超大空间的建筑特点。航站楼鸟瞰图如图 4-26 所示。

图 4-26 航站楼鸟瞰图

主航站楼屋盖钢结构投影面积 18 万 m^2，为自由曲面空间网架结构，由 8 颗 C 形柱和 12 组支撑筒、6 根钢管柱以及 5 组幕墙柱支撑，屋盖最大跨度达 180m。针对屋顶钢结构跨度大、曲线变化复杂、位形控制精度要求高、下方混凝土结构错层复杂等施工难点，通过多方案比选，对施工工况采用有限元计算软件进行受力和变形分析，确定了"分区安装，分区卸载，位形控制，变形协调，总体合龙"的施工原则。整个屋盖钢结构安装共进行 26 次分块提升，13 块原位拼装，31 次小合龙，7 次卸载，1 次大合龙。合龙长度达 9008m，对接口达 8274 个，对接精度符合设计和规范要求。焊缝长度约 19 万延米，现场焊缝探伤合格率 100%。合龙的焊接间隙控制在 10mm 以内，错边控制在 2mm 以内。针对屋盖钢结构杆件多的特点，研究了基于 BIM 模型与物联网的钢结构预制装配技术，将 BIM 模型、三维激光扫描、物联网传感器等集成为智能虚拟安装系统，开发 App 应用移动平台和二维码识别系统，实现了在 BIM 模型里实时显示构件状态。施工过程中，还参照 BIM 模型采用三维激光扫描技术与放样机器人相结合，建立了高精度三维工程控制网，严格控制网架拼装、提升等各阶段位形，确保了最终位形与设计模型吻合。钢结构加工、安装方案的关键创新，是屋架四个月成功安装的关键。图 4-27 为钢结构屋架施工实景照片。

某种程度上来说，虚拟预拼装技术，解决了实体预拼装占用场地大、人力和设备投入多、周期长等问题，大幅度降低了项目成本，有效地缩短了项目工期，未来将逐步取代实体预拼装。

4）基于全站仪技术的钢结构预拼装

以沈阳宝能环球金融中心某层桁架的

图 4-27 钢结构屋架施工实景照片

钢构件为例，该结构桁架由上、中、下弦杆单元和腹杆单元组成，各单元构件通过焊接或栓焊连接的方式进行固定，各单元构件制作精度要求高，施工难度大，其制作质量将影响到施工现场整体组拼、吊装。桁架杆件截面形式主要为"H"形和"口"形构件，最大截面为 H1000mm × 800mm × 100mm × 100mm 和口 600mm × 500mm × 30mm × 30mm，材质主要为 Q390GJC 和 Q345GJC 两种，桁架层效果如图 4-28 所示，桁架由 A、B、C、D 四个对称一致的区域桁架组成，整幅环带桁架徽面大，分为 16 个桁架单元，对具有代表性的 B 区单层环带桁架进行实体拼装验证，其余采用计算机模拟拼装技术。

利用全站仪和 3D 扫描仪分别对桁架的部分构件进行预拼装测量，得到测量数据导入 BIM 模型系统，经过坐标转换与设计模型对比，得到构件的偏差信息，在模型中可视化，以图纸报表形式输出，同时可输出三维构件和测量点的模型图形。结果表明，全站仪和 3D 扫描仪均可较好地模拟实际构件的预拼装情况，如图 4-29 所示为基于 3D 扫描仪测量的结果，可以看出，全站仪测量的测控点误差均在范围之内，3D 扫描仪测量的柱与牛腿最大偏差为 2.02mm，拟合情况良好。

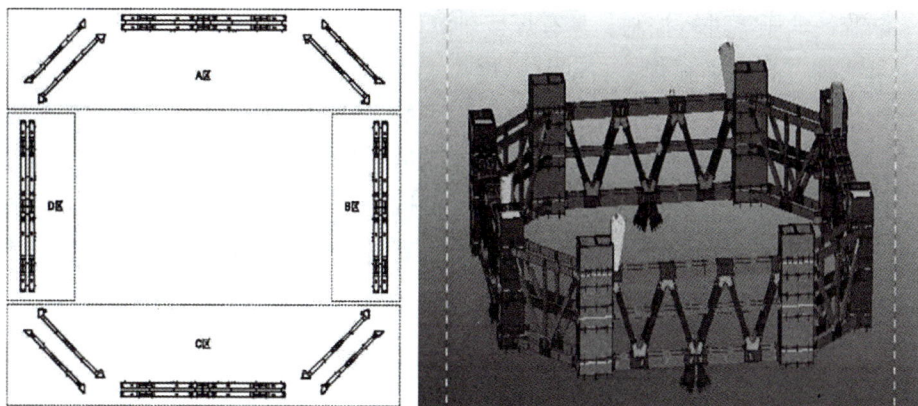

图 4-28　沈阳宝能环球金融中心桁架层效果图

3. 焊接过程数值模拟

在现代科技的推动下，焊接模拟仿真技术在钢结构行业中得到了越来越多的应用。通过焊接数值模拟技术，实现对不同工作状态下焊接过程的模拟，以仿真替代实验，既节省了原料费用，又能对焊接工艺进行优化。为了缩短生产周期，降低生产成本，在焊接结束之前对焊接参数进行优化，不仅可以确保焊接质量，提高焊接效率，还可以改善工人的工作环境，减小劳动强度。在建立的企业焊工操作库模型基础上，利用 BIM 模型进行焊接工艺设计，通过对焊接过程中各节点单元间距的测量，以及焊接工人作业空间的确定，实现了对焊接工艺的优化。通过 BIM 技术对施工过程进行动态展示，并进行三维交底，可以有效地提高工效和经济效益，防止后期由于工艺不合理而导致的返工，也能减少对技术人员的设计难度，见图 4-30。

焊接模拟是一种通过对基本物理性质的描述，对焊接工艺进行仿真与求解的方法。

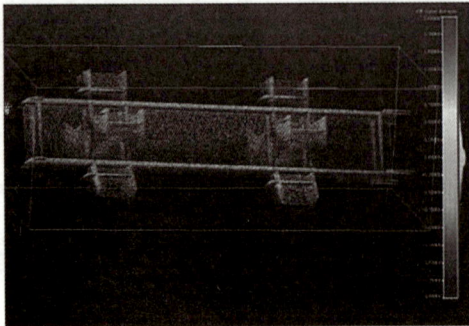

图4-29　基于3D扫描仪测量的结果

图4-30　焊接工艺优化

利用数值计算，可以全面、定量地分析焊接过程。那么，对于焊接过程的数字模拟系统的需求是什么？采用最优的焊接顺序，对焊缝的残余变形进行评价；通过对焊接过程的控制，可实现应力梯度和表面拉伸应力最小化，降低了焊接的残余应力；通过对焊接过程中的显微组织及成分分析，可以判断出焊缝中的微观组织及成分；可以对焊接速度、热输入、电流、电压等进行控制，具有焊接热源仿真、焊缝、热影响区实时显示等功能；模拟手工氩弧焊、自动埋弧焊、自动氩弧焊接工艺，实现对多道焊接的模拟。在此基础上，结合数值模拟方法，实现钢结构焊接全过程的三维数值模拟，深入研究焊接时母材熔合形成的一系列复杂物理－化学反应。通过数值模拟，获得最优的焊接工艺参数，确保在实际焊接时，焊缝不会出现裂纹、咬边、未熔合、气孔、夹渣等缺陷，且在焊缝密集部位不会发生结构变形。通过对焊接过程的仿真，可以大大降低试验的次数，节省不必要的人力、物力和财力。

4. 施工流程模拟

虚拟施工（Virtual Construction，简称VC），就是将真实建造过程通过计算机进行虚拟生成的过程。通过利用虚拟现实、结构模拟等多种方法，在高性能计算机等设备的辅助下，实现群组协作。基于BIM技术，构建建筑结构几何与施工工艺模型，实时、交互式、真实感地模拟施工方案（图4-31），进而验证、优化、完善现有施工方案，并逐步取代传统的施工方案编制模式和方案作业程序。对施工全过程的三维模拟操作，可以预测出在实际施工中可能遇到的问题，预先避免和降低返工及资源浪费的情况。通过对施工计划进行优化，对施工资源进行合理分配，节约工程费用，加速工程的进度，

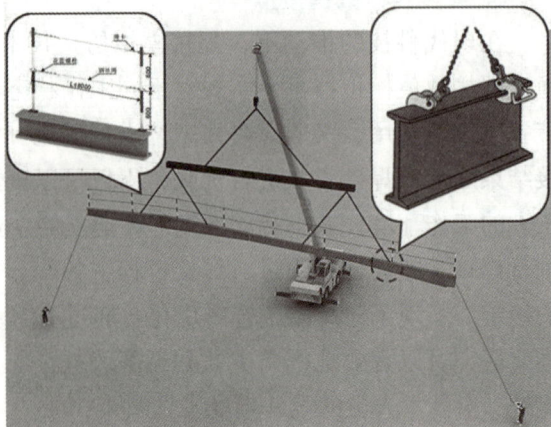

图4-31　施工现场吊装模拟

对工程的质量进行控制，最终实现了提高建筑工程的效率。

基于 BIM 的虚拟施工技术体系流程，如图 4-32 所示。从体系架构中可以看出，在建筑工程项目中使用虚拟施工技术，将会是个庞大复杂的系统工程，其中包括了建立建筑结构三维模型、搭建虚拟施工环境、定义建筑构件的先后顺序、对施工过程进行虚拟仿真、管线综合碰撞检测以及最优方案判定等不同阶段，同时也涉及了建筑、结构、水暖电、安装、装饰等不同专业、不同人员之间的信息共享和协同工作。

如果虚拟施工有效协同三维可视化功能再加上时间维度，可以进行进度模拟施工。4D 模型虚拟施工随时、直观快速地将施工计划与实际进展进行对比，同时进行有效协同，施工方、监理方、甚至非工程行业出身的业主都能对工程项目的各种问题和情况了如指掌；5D 模型对项目工程量进行准确测量，有效控制费用成本支出；6D 模型实现对安全环境的模拟，时时观察环境变化，做好改善与预防措施。这样通过 BIM 技术结合施工方案、施工模拟和现场视频监测，减少建筑质量问题、安全问题，减少返工和整改，如图 4-33 所示。

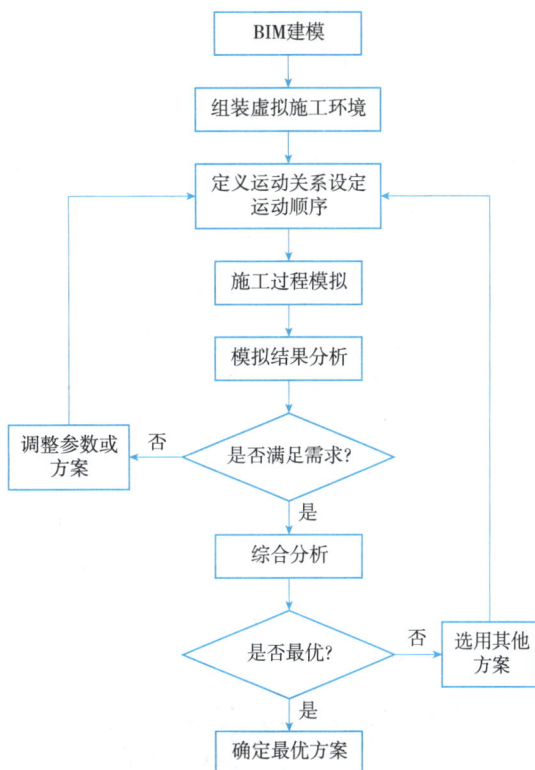

图 4-32　基于 BIM 的虚拟施工体系流程

以轻钢门式刚架结构为例，主要涵盖的施工流程如下：

1）施工现场平面布置模块

施工现场平面布置模块可完成以下功能：一是展示施工现场平面布置图内容，二是施工现场设计原则和布置顺序，三是生产区平面布置顺序，四是施工现场漫游，具体见图 4-34。

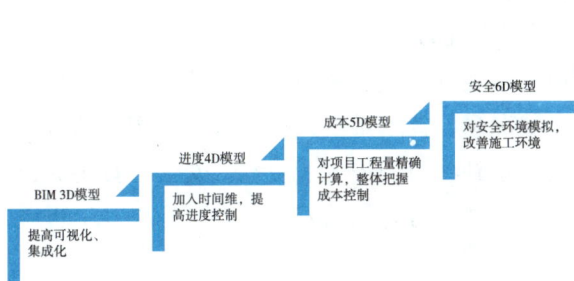

图 4-33　基于 BIM 的 nD 虚拟施工模型

图 4-34　施工现场平面布置

111

2）钢结构构件进场与堆垛模块

钢结构构件进场与堆垛模块可完成以下功能：钢梁、钢柱等构件的堆垛要求、进场交接过程、构件检验、构件堆放要求等内容，可通过构件查询，快速到达该类构件堆场等操作，如图4-35所示。

图4-35 钢结构构件进场与堆垛

3）现场塔式起重机布置模块

现场塔式起重机布置模块可完成以下功能：塔式起重机选型、工作幅度、起重力矩计算、起重高度、放置塔式起重机等内容，如图4-36所示。

4）钢结构构件安装模块

钢结构构件安装模块可完成以下功能：钢柱吊装，临时支撑与固定限位，吊车梁安装，钢梁安装及高强度螺栓安装，屋面围护系统安装，墙面围护系统钢结构安装，平台、钢梯及栏杆安装，管桁架现场拼装，管桁架结构现场安装，网架结构安装工艺等内容，如图4-37所示。

图4-36 现场塔式起重机布置

图4-37 钢结构构件安装

4.2.2 智能化吊装与检测设备

钢结构吊装是钢结构智能化施工的关键环节，其施工过程中存在着大量的构件，在吊装过程中存在着大量的不确定性，从而影响整个吊装工作的整体效果。钢结构智能化吊装施工，是以虚拟现实仿真技术为支撑，计算机操作平台为中介，以实现钢结构吊装施工过程。利用虚拟建模的方法能够模拟钢结构部件吊装作业流程，故障和隐患分析系统能够利用大数据对吊装过程进行模拟，对可能出现的问题进行分析。

以太原水上体育中心工程为例，其钢桁架吊装具有我国目前所见的"体积大、重量大、高度高"的特点。吊装技术复杂，安全状况高，技术难度大，对人力、物力和时间费用都有较高的要求。而吊装的特殊性直接关系到项目的进度、质量、安全与费用的控制。选择合适的起重机，制定合理的施工计划，并进行有效的安全检查，是提升工程质量的根本保障。

在本项目中，总吊装重150t，总高度21.8m，悬挑13.6m。由于传统的施工方法存在诸多弊端，因此该项目采取倒置浇筑的方法。本工程共分七个阶段，其吊装顺序是：屋面钢结构桁架现场拼装，桁架支撑柱安装，屋面桁架整体吊装，安装吊柱阶段，支撑卸载阶段，安装一层至三层平台梁阶段，安装四层平台梁阶段。因采用逆作法吊装方式，施工期间需将其临时支撑拆掉，因此在卸荷期，结构体系将产生较大的变化。由于这一转换过程中要考虑到施工的影响，很有可能会出现一些安全隐患，所以在工程实施之前必须先对建筑物进行施工模拟。

基于 3D3S 钢结构分析软件，对其进行了三维可视化建模。以梁为单元，以临时支撑、吊柱和次梁等作为杆件单元，楼面和剪力墙采用壳单元。在此基础上，提出了一种新的抗震设计方法，即核心筒底端设置为刚性支座，并将其与楼板的连接确定为刚接。按照现行规范，以建筑物的重量作为主体荷载，对各个阶段的强度、稳定性和刚度进行了校核。

基于结构体系、BIM 技术的模拟分析过程将安装受力模拟阶段分为七个阶段（图 4-38），根据施工阶段的不同，分别统计其最大应力比、最大位移量以及模拟中的最大应力部分：

1）模拟阶段 1：在主桁架下弦端部下方设置四根规格为 600mm×15mm 圆钢管支撑柱；

2）模拟阶段 2：吊装顶端桁架至设计标高位置，由于该阶段存在桁架下弦部分与劲性柱部分焊接不完备的问题，故将节点连接设成铰接；

3）模拟阶段 3：对核心筒外围吊柱进行安装，由于该阶段桁架下弦部分与劲性柱部分焊接已经完毕，故将节点连接设成刚接；

4）模拟阶段 4：由于该阶段桁架下弦核心筒处混凝土部分预计已满足设计强度要求，故将支撑柱拆除；

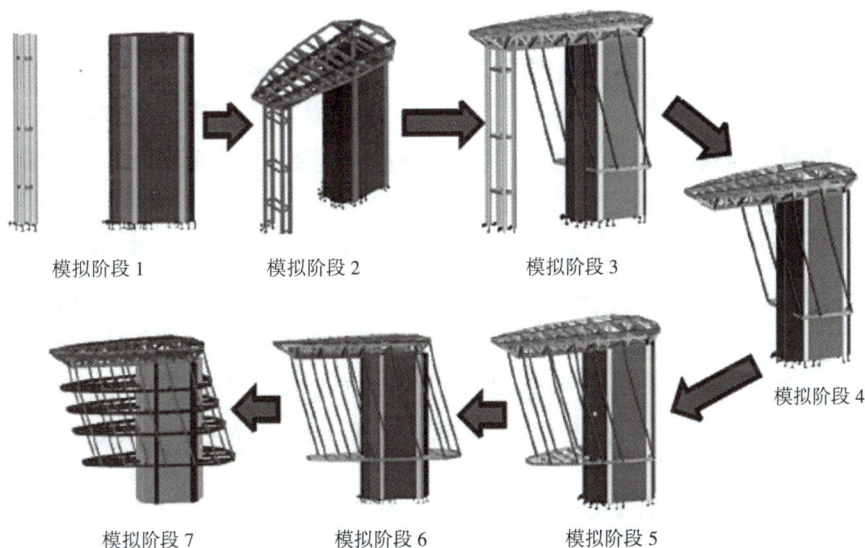

图 4-38 模拟阶段

5）模拟阶段 5~6：对其余吊柱及二层楼面梁进行安装；

6）模拟阶段 7：逐层对楼面梁进行安装，直至安装完毕。

4.2.3　钢结构装配中碰撞问题的解决

碰撞检测（Collision Detection，CD），是一种判断一个或多个实体是否同时占据一个区域的方法，是虚拟预拼装系统的基本组成部分。在建筑物的建造中，经常会遇到碰撞问题。建筑工程中常见的碰撞问题有：梁柱配筋节点、建筑构件与机电管道、复杂幕墙、外墙装饰的施工碰撞和动态碰撞等。随着我国经济的快速发展，建筑结构也呈现出复杂、多样化和智能化的趋势，使得传统的建造方法难以满足无碰撞条件下的施工需求。

对于钢结构来说，因其外形的复杂性，在某些连接部位会出现多个构件的交汇，从而导致装配时出现不合理的碰撞现象。为此，提出了一种基于虚拟装配的装配系统，即对装配过程进行自动化检查，并对装配合理性进行检查。目前大多数的钢结构建筑都是采用了多层的全钢结构，在实际施工中，需要工程师们按照 BIM 技术来构建 3D 模型，然后将 BIM 技术导入到碰撞软件中，从而达到对钢结构施工管理内部的有效集成。与此同时，施工人员也需要关注碰撞情况的设定，对碰撞和公差值进行合理地设定和计算，从而达到碰撞检测的目的。对于出现冲突的部位，要及时与设计者沟通，对设计内容进行合理地调整，避免出现返工和延误工期。此外，需要对模型进行适当的编号，并给出加工图和装配图，方便后续加工。

1. 型钢构件施工深化 BIM 模型的搭建与碰撞检测

利用 Revit 软件开展深化工作，根据专业厂家深化图样进行型钢柱、梁等构件的 BIM 模型搭建，在总承包单位建模标准的基础上，将设计要求、施工数据等信息添加至三维模型中，同时把钢筋、混凝土等其他构件模型与型钢模型进行整合。型钢核心节点模型如图 4-39 所示。

1）型钢柱与钢筋混凝土梁等构件交汇位置受力形式复杂

核心节点钢筋分布密集，在设计规范和施工规范中对受力部位钢结构开孔位置和数量有严格的限制，因此对于核心节点处的钢筋碰撞问题要进行着重检测。将型钢 Revit 模型传递至 Fuzor 或 Navisworks 中，利用软件对钢筋进行碰撞检查。检测出 X 方向与 Y 方向梁构件与型钢柱交汇位置处，由于专业厂家进行施工深化时未按照图集要求进行布孔，导致型钢开孔位于同一水平面，梁上部纵筋在交汇时发生碰撞，梁上部钢筋无法穿过核心节点，如图 4-40 所示。

专业厂家深化设计时未充分考虑梁构件上部钢筋和柱构件竖向钢筋在核心节点处交汇，同时牛腿板开孔位置不合理，导致柱纵筋与梁上部钢筋在牛腿板处发生碰撞，如图 4-41 所示。

2）型钢构件核心节点处型钢碰撞检测

在有限的核心空间进行高密度钢筋排布的同时，还要将各类通长钢筋穿过型钢构件。

图 4-39　型钢核心节点模型

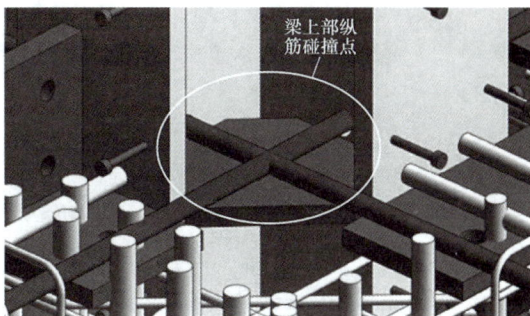

图 4-40　梁上部钢筋碰撞

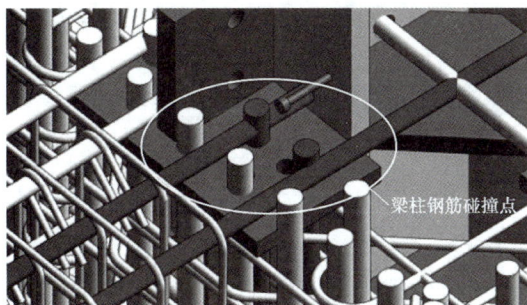

图 4-41　柱钢筋与梁钢筋碰撞

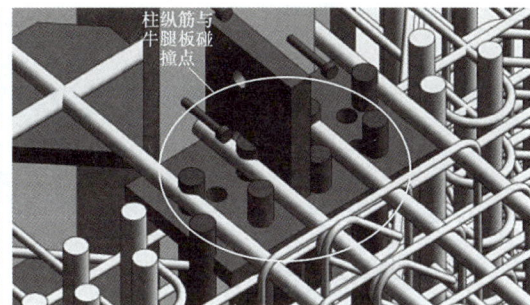

图 4-42　牛腿板开孔位置不合理

因此，完成对钢筋之间的碰撞检查之后，为保证通长钢筋能顺利穿过型钢节点，还需着重对型钢与钢筋之间的碰撞问题进行检测。检测处由于型钢牛腿板开孔位置不合理，柱纵筋与牛腿板位置重合，柱配筋发生设计变更，原施工深化设计未及时进行更新，导致柱纵筋无法穿过牛腿板，如图 4-42 所示。

3）型钢构件专业厂家深化设计合理性检测

结合设计意图和现行规范文件，对型钢构件中保护层厚度、钢结构开孔率以及钢构件空间布置是否有满足要求等问题在 BIM 模型中进行查验。将钢结构进行碰撞检查后的问题进行汇总，筛除模型中的无效碰撞，并将部分共性问题进行梳理整合，最终形成 BIM 模型碰撞检测报告。

2. 基于 BIM 技术的型钢施工深化

对所发现的碰撞问题展开下一步深化工作，规范要求核心节点梁中纵向钢筋应尽可能多地贯通节点，其余纵向钢筋可在柱内型钢腹板上预留贯穿孔。专业厂家原施工深化虽预留了腹板开孔，但未考虑其他构件钢筋分布情况，导致开孔处的钢筋穿孔时发生碰撞。针对类似问题，BIM 模型可以将型钢腹板开孔位置进行上下错位布置或采用 U 形开孔两种优化方案，均能使梁上纵筋顺利穿过节点，如图 4-43 所示。

对于核心节点处钢筋与型钢碰撞的情况，在满足配筋率要求时调整钢筋空间排布，避免型钢构件二次开孔。在原有开孔位置基础上调整开孔和分布形式，避让钢筋与型钢构件碰撞，如图 4-44 所示。

图 4-43　模型调整开孔位置后钢筋穿过

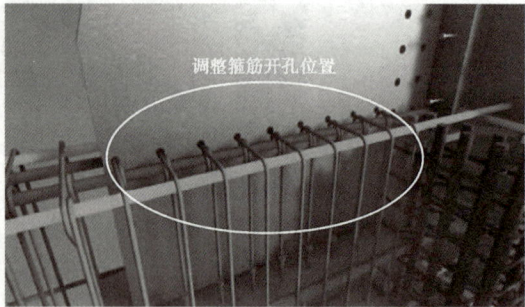

图 4-44　模型深化后更改开孔分布

4.3　钢结构智能化监测与可视化控制

4.3.1　安装虚拟仿真技术

传统的钢结构预制装配需要耗时耗力，且现场预制装配不能满足项目建设的需求。为解决该问题，可利用 BIM 三维可视化控制技术，实现钢结构安装的三维可视化演练与现场实时监测，并通过该信息化模型对钢结构安装、临时支撑安装与拆除、伸臂桁架层的最终加固等工序进行仿真，最终形成优化的安装工艺。并在此基础上，以"虚拟拼装"取代传统的预制装配，使其在制造和安装过程中实现数字化联动。

利用 Solidworks 软件创建钢结构数字化三维立体模型并实现钢结构安装动态仿真模拟，实现钢结构安装动态仿真的步骤和操作方法，以齐城商会花园小区齐城大厦工程为例，介绍了三维动态仿真的具体应用。

1. 建立钢构件数字化三维立体模型数据库

根据设计图纸，运用 Solidworks 三维建模软件先按其中一个钢构件的几何尺寸建立基本模型；然后插入 Excel 系列零件设计表，将该类型钢构件的主要控制尺寸填写到该表中，在配置栏标明该构件的名称；在 Solidworks 三维建模软件中调用该构件的 Excel 系列零件设计表，这时只需点击不同配置及构件的编号名称，即可在 Solidworks 三维建模软件中自动生成该配置的构件模型。按照上述方法步骤，一一建立圆管柱剪力墙框架这种体系不同类型的钢构件数字化三维立体模型，最终分类汇总形成圆管柱剪力墙框架这一系列的钢构件数字化三维立体模型数据库。

2. 钢构件的装配

在此基础上，利用已建好的钢结构 3D 模型库，生成整个工程钢结构的三维模型，并将上述各部件进行组装和安装。先新建一个装配体，然后在插入零部件对话框中点击浏览，依次选择要插入的零部件即可。安装在基座上的第一个部件是最关键的部件，因为它是整个部件的基本部件。Solidworks 已默认第一个零件为非运动体,其他所有的装配体零件都是以此为基础,该项目选择地基为装配参照体。为了实现零件的精确装配,需要构建精确的装配约束,通常将其定义为 6 个自由度,即 3 个坐标的移动和 3 个坐标的旋转,并以此为基础。在协作菜单下,实现角度、重合、同心、距离、平行、垂直、相切 7 种标准配合,包括凸轮推杆配合、齿轮配合、限制配合、对称配合、宽度配合等多种高层次的配合,利用它们可以实现对物体的精确定位。

4.3.2 安装实时监测控制系统

对大跨度钢结构进行监控,不仅要在施工策划阶段对其进行全面的考虑,而且要对整个施工过程进行全面的监控。通过对结构进行实时监控,可以对结构进行受力、变形等情况进行实时掌握,一旦发现异常应力或变形,就能立即采取相应的处理措施,从而保证工程的质量与安全性。通过预变形模拟拼装法,实现钢结构竖向压缩变形、收缩徐变标高补偿,并与实时监测的整体变形差值相结合,实现钢结构施工过程中的合理调控。在此基础上,通过施工过程控制到运营维护全生命周期的健康监控体系,实现施工控制与运营维护信息的无缝对接,并利用高程补偿与变形协调控制技术,实现钢结构施工与设计状态的统一,提高装配精度。

利用三维可视化的模型展示系统,实现对工程从经验到管理的风险预测,漫游到建筑物内的任何一个地方,根据真实的、形象的三维模型来协调与控制工程的全过程;从"经验到管理"角度,通过手持电子设备实时调用所需要的模型,实现实时、动态地把握施工过程,引导下一步施工。

在钢结构施工中,安装姿态测量和变形监测是一项非常重要的工作。如何快速、准确地评价钢结构的拼接质量,并全面、系统地把握其变形发展规律,对于降低施工成本,保证工程快速、安全的完成有着十分重要的意义。由于钢结构通常为刚性构件,在评定和变形监控方面,如果不能正确地进行评价和变形监控,将会导致工程事故、项目工期延误,从而造成大量的人力和资源损失。加之,由于钢结构建筑形状不规则、构件数目众多、施工质量和变形监控难度大,亟需一种快速、高密度的测试手段。传统的钢结构施工检查与变形监测方法,主要是利用全站仪对某些钢结构的特征部位进行观察,并与航空对边量测软件相结合,对已知的两个特征点的空间斜距、平距和高差进行校验,并与设计模型进行比较,以验证钢结构的焊缝质量及变形情况。常用工具包括:Matlab 编程、MetroIn 三坐标软件坐标系转换、AutoCAD 模型三维配准等。这种方法工作周期长、检测密度不足,难以实现直观全面的检测,无法满足钢结构建筑施工过程中的安装检测与健康监测的需求。

采用三维激光扫描技术,可以深入到钢结构复杂现场环境进行扫描操作,并可以直接实现各种大型、复杂、不规则、非标准的实体三维数据的完整采集,进而重构出实体的线、面、体、空间等各种三维数据。利用数据后处理软件进行构件面、线特征拟合后提取特征点,并按公共点转换三维配准算法,获得各特征点给定坐标系下的三维坐标,比较与设计三维坐标的偏差值来进行成品检验。同时，激光扫描数据可对构件的特征线、特征面进行分析比较，可更全面反映构件拼装质量。采用数字近景摄影测量技术，通过即时获取某一瞬间被摄物的数字影像，经过解算获得所有被摄点的瞬时位置，具有信息量大、速度快、即时性强等特点，因此广泛应用于建筑物的变形监测、大型工业设备变形检测、钢结构的性能检测等领域。针对大尺寸钢结构工业三坐标测量，数字近景工业摄影测量的关键技术如下：

1）高质量"准二值影像"的获取；

2）标志中心高精度定位算法；

3）数字相机的标定与自标定；

4）基于编码标志和自动匹配技术的自动化测量技术；

5）测量网形的优化与设计。

采用高精度钢结构姿态及变形检测技术所取得的点云数据，还可以与钢结构 BIM 模型相结合，与设计数据进行对比分析，保障现场施工质量达到优质标准。

4.3.3　智能化变形监测技术

由于钢结构在施工中受气候、温度等因素的影响，加之钢材的热胀冷缩，使其尺寸发生了很大改变，因此，在施工中，温度太高或者太低都会影响到施工的精度。通过对各部位温度、湿度、应力、应变等信息的实时采集、分析和计算，保证钢结构的精度和安全。采用无线传输的方法，将钢结构施工现场的大量传感器如温度计、湿度计、应力应变仪等进行无线传输，解决了传统的传感器需电缆敷设、不适用于施工场地的缺点。

在前期构建的高精度三维控制网的基础上，采用全站仪自动后方交会测量方法，在钢构件上预先焊接连接杆安插棱镜或直接粘贴反射片作为变形特征点，通过建立自动化监测系统，使用智能全站仪，结合自动监测软件，实现钢结构无人值守的自动化、连续监测技术自动、实时处理和自动报警。另外，通过在钢结构屋盖上方安装多台 GPS 接收机，实现钢结构变形长期、自动监测；通过三维激光扫描、数字近景摄影测量也可以获取对钢结构的自动变形监测数据。

最终将集成后的传感器测量数据、测量机器人系统数据、三维激光扫描数据等众多信息在施工监控系统中融合、分析、演算，最终确保钢结构的状态符合设计要求。

以上海世茂深坑酒店为例，该项目建设在 77m 陡峭深坑内，主体建筑为 18 层，由坑上 2 层、坑下 16 层（水下 2 层及水面至坑顶 14 层）组成。其结构形式为独特的两点支撑钢框架结构体系，主体塔楼大部分位于深坑内，标高为 -64.600~10.000m。酒店平面分为 A 区和 B 区，其中 A 区立面为双向侧倾，B 区立面为单向侧倾，通过地下一层的钢桁架与坑外地面结构连接。坑外为裙房部分，结构形式为钢框架结构。钢结构模型如图 4-45 所示。

上海世茂深坑酒店工程整体造型为双曲异形，一般钢结构变形监测对比主要是设定监测点进行逐点监测对比，工作量大且可能漏掉变形较大的地方。对于特大异形钢结构，

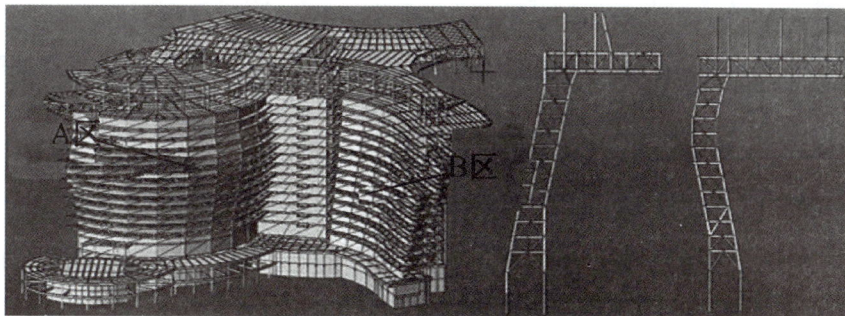

图 4-45 钢结构模型

安装与卸载变形具有无法预知性,采用常规的变形监测方法将给本工程留下质量安全隐患。因此,采用三维激光扫描技术对本工程进行结构变形测量,既可以实现变形监测特征点的三维位移分析,也可以实现多点整体变形分析。首先,采用三维激光扫描技术建立扫描点云模型,然后将扫描模型导入 Revit 三维建模软件,与手动创建的设计模型进行配准整合。对配准后的 2 个模型进行对比分析,继而监测异形钢结构的变形。最后通过三维激光扫描变形监测结果和全站仪变形监测结果对比分析表明,三维激光扫描技术能较好地用于异形钢结构的整体变形监测。过程如图 4-46~ 图 4-48 所示。

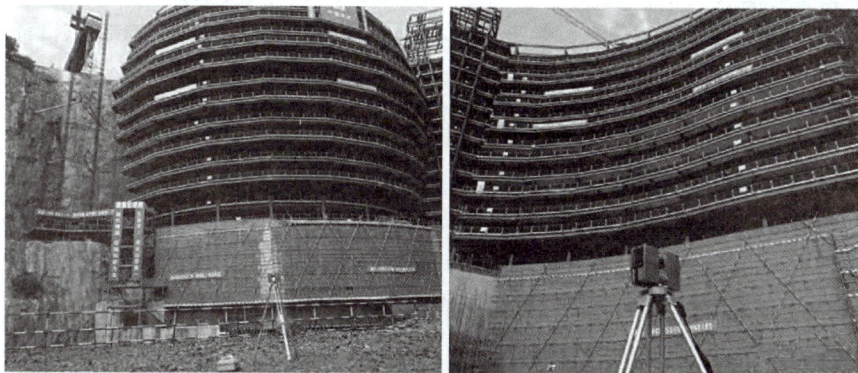

图 4-46 现场扫描照片

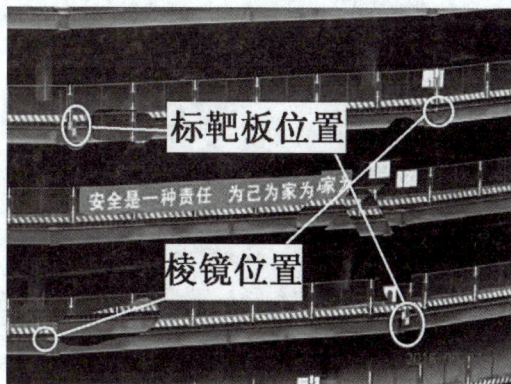

图 4-47 钢结构上标靶板、棱镜位置   图 4-48 模型配准

智能测量技术对整体钢结构形态进行实时或准实时的精确检测和完整记录,形成了对整体工程实施动态与静态变形监测的自动化技术和方法,贯穿于钢结构施工的全过程,能够确保钢结构施工测量的高精度和高效率,保障施工安全和质量,节省人力,推进施工生产过程的技术进步。

4.4 智能化焊接机器人技术

随着住房需求和不断深化的基建,建筑钢结构在我国获得突飞猛进发展,为了与钢结构大国的能力相匹配,应大力促进焊接技术和焊接装备自动化的发展,提高我国钢结构建造的质量和效率。焊接机器人是数字化焊接技术的重要核心组成部分,是整个集成系统的最终执行元件,其焊接现场见图4-49。

综合分析国内钢结构构件特点并调研国内主要钢结构制造企业发现,机器人焊接技术在国内钢结构领域应用存在以下3个问题:

1)钢结构部件的设计规范化程度不高,造成焊接辅助时间较长,工作时间较少,在示教编程过程中耗费了相当多的工作时间,不能充分发挥其高效性。

2)装配误差大,坡口精度不高,不能有效地保证机器人的焊接质量。目前,我国钢结构构件的坡口加工多采用手工进行,坡口角度及间隙误差大,而目前采用的示教程序均以标准坡口间距及装配精度为基础,存在示教编程与实际零件不相匹配,按示教编程进行焊接时,容易产生漏焊或多焊等缺陷,严重影响了焊接质量,且焊后需人工进行二次修复或手工干预,焊接效率与质量难以提高。而《钢结构工程施工质量验收标准》GB 50205—2020中规定的焊接间隙只有 ±1.0mm;《钢结构焊接规范》GB 50661—2011中只有 ±2.0mm 的焊缝间隙容许偏差,且坡口角度误差不超过 −5°~+10°,在某种程度上制约了其在钢铁结构工业中的应用。

图4-49 焊接现场

3）机器人智能化程度不高，无法实时感知外界环境并进行反馈调整。针对当前钢结构中采用的"示教式再现式"焊接机器人，其焊接轨迹与工艺参数均需预置，且多为多层多道焊接，前道焊缝成型质量及由此引起的焊接变形对后续焊缝起点位置的定位精度、轨迹规划的精度均有较大影响，但目前还没有实现对焊接工艺变化的自动化感知，以及对焊丝伸长度、焊枪角度等关键工艺参数的实时反馈与调节。目前，机器人尚无有效的控制方法来防止焊接缺陷的发生，从而造成零件的焊接质量降低，严重影响产品的质量。

4.4.1　钢结构工程对焊接机器人技术需求

机器人作为一种高科技产业，代表着现代科学技术的发展水平，已成为我国战略性新兴产业发展的一个重要方面。机器人行业的迅速发展有着深刻的客观原因，从长远的角度来说，我国的人口老龄化程度越来越高，劳动力资源越来越紧缺，劳动力成本也越来越高，因此，机器人的装备越来越多。纵观国内外制造业的发展现状，客户定制化、生产柔性化、成本效益化和全球资源集成是其发展的关键因素，机器人正逐步成为重要的装备。由于机器人能最大限度地完成生产过程，因此其对工人的焊接技能要求很低，在焊接过程中不会受到人的干扰，而且还能保证焊缝形状优美、焊接工艺稳定、焊接效率高。所以，在大型建筑钢结构的厚壁、长焊缝和多部位焊接施工中，机器人技术有着广阔的应用前景。

焊接机器人是指具有三个和三个以上可自由编程的轴，并能将焊接工具按要求送到预定空间位置，按要求轨迹及速度移动焊接工具（焊枪）的机器，钢结构智能焊接工作原理如图 4-50 所示。比较完整的机器人自动焊应有精密焊接质量闭环控制系统、机器人控制电源、焊接过程动态建模与控制、自主跟踪等系统，并隶属于焊接专家系统。

机器人根据需要可选用桶装或盘装焊丝。为了减少更换焊丝的频率，机器人应选用桶装焊丝，但采用桶装焊丝，送丝软管很长，阻力大，对焊丝的挺度等质量要求较高。当采用镀铜质量稍差的焊丝时，焊丝表面的镀铜因摩擦脱落会造成导管内容积减小，高

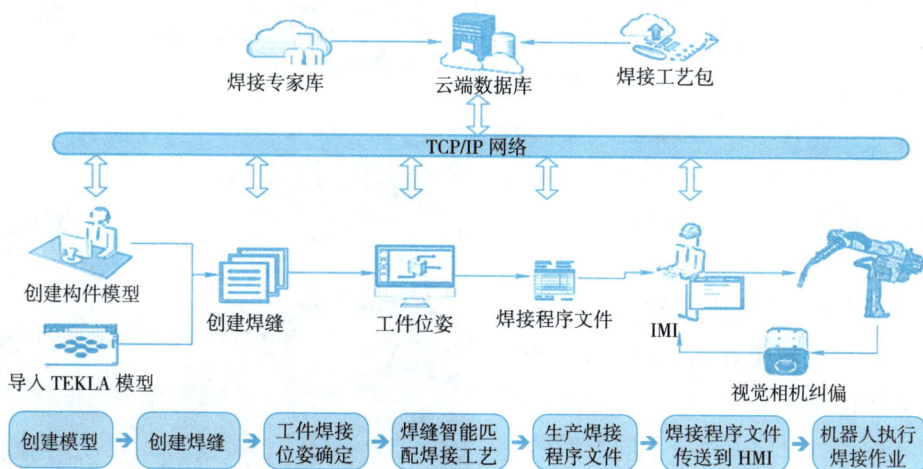

图 4-50　钢结构智能焊接工作原理

速送丝时阻力加大，焊丝不能平滑送出，产生抖动，使电弧不稳，影响焊缝质量。严重时，出现卡死现象，使机器人停机，故要及时清理焊丝导管。

随着建筑钢结构部件的标准化设计水平不断提升、机器人的智能程度不断提升、焊接数据越来越多，其应用前景也越来越广阔。因此，加强其模块化、系列化、标准化的设计，是实现其在钢结构建筑中应用的前提。通过构建完备的焊接数据库，研发智能程序，提高弧焊机器人的智能化程度，是未来钢结构焊接机器人技术工作的主要方向。

4.4.2 自动化组装与焊接机器人

1. 焊接机器人的分类

我国焊接自动化设备起步晚，落后于欧美、日本等发达国家，但发展势头迅猛，随着国内多家大型研发企业的崛起，多种自主研发的焊接机器人已经在国内占有很大的市场份额，强力推动了焊接设备自动化的发展，如图 4-51 所示。下面将根据实例展开具体论述。

1）摇臂式焊接机器人

摇臂式焊接机器人一般具有 6 个可编程的轴，由示教盒、控制盘、机器人本体及自动送丝装置、焊接电源等部分组成，对于焊接设计复杂的牛腿、肋板等钢柱而言，摇臂式设计灵活性大，焊接效率高，可完成多种复杂的焊接动作，优势明显。具有代表性的是唐山松下集团和北京时代集团研制的摇臂式焊接机器人，如图 4-52 所示。为解决长直钢柱的挠度变形问题，唐山松下的焊接机器人系统设计新型的变位机，在保证焊接灵活性的同时，提高了焊接的质量和效率。美中不足的是，变位机的存在对焊接一些尺寸较长的钢柱会起到阻碍作用，需收弧后再起弧。焊缝无法一次性成形，因此摇臂式机器人多用于复杂牛腿、肋板等小尺寸钢件的焊接。

图 4-51 自动化组装及焊接机器人生产线

2）轨道式焊接机器人

相较于上述摇臂式焊接机器人在应用中易产生问题，轨道式具有明显的优势，轨道式焊接机器人又分为刚性轨道式和柔性轨道式两类，分别适用于不同类型钢结构的焊接。

图 4-52 摇臂式机器人及其辅机

（1）刚性轨道式焊接机器人

刚性轨道式焊接机器人的组成与摇臂式类似，由机器人本体、控制箱、示教器、导轨、焊接电源、送丝装置等部分组成，不同的是轨道式具有铝制轻型轨道，通过齿轮齿条进行传动。

①"鸟巢"项目

"鸟巢"是当时我国规模最大、科技含量最高、施工难度最大的体育场馆，虽然不是超高层建筑，但它是国产焊接机器人的首次成功应用之作，开创了国内自动化焊接设备应用于现场钢结构安装的先河，对于推进我国具有自主知识产权的创新性研究成果，应用于重大工程领域起到了重要的示范作用，并为企业实践自主创新探索了一条可行之路。北京石油化工学院研发的 GDC-1 型焊接机器人成功应用在"鸟巢"工程。这是一台具有焊接工艺参数程控、焊缝轨迹在线示教、焊接电源联动控制等功能的智能化焊接机器人。"鸟巢"项目建筑面积 2518 万 m^2，建筑顶面呈马鞍形，可同时容纳 10 万人观看比赛，是当时我国设计规模最大、科技含量最高的体育场馆。其钢结构具有以下特点：焊接工作量大，超过 4 万 t；交货工期短，2006 年 11 月全部完工；结构尺寸大，焊接变形难以控制；技术要求和验收规范高。GDC-1 型焊接机器人在"鸟巢"项目的成功应用，不仅证明了焊接机器人能完成平、仰、立、横等全位置的焊接操作，还对我国建筑行业焊接自动化的发展起到了示范化的推动作用，是我国钢结构焊接现代化的里程碑。

②天津现代城项目

天津现代城主塔楼地下 5 层，地上 67 层，高 339m，共有箱形外框柱 20 根，板厚为 55mm，材质为 Q345C-Z15，最大截面为 2000mm×1600mm。钢结构特点：钢柱截面规整，适合机器人的焊接操作；材质单一，需调整的焊接参数少。项目采用唐山开元集团研制的 MICROBO 便携式焊接机器人系统，也称迷你机器人。该系统体积小巧、质量轻便、安装方便，焊接截面为 600mm×600mm，具有全自动示教功能，自动生成焊接参数，能完成除仰焊外所有类型的焊接操作。MICROBO 机器人的使用，解决了中型截面的焊接自动化问题，形成了一套先进的焊接工艺规范，为我国焊接设备的小型化、自动化的发展提供了宝贵的经验。

（2）柔性轨道式焊接机器人

柔性轨道式跟刚性轨道式的区别在于，前者采用可任意定制的柔性轨道，并装备有电磁铁，使机器人可以紧紧地固定在母材表面，采用摩擦传动，装配灵活、拆卸方便，可适应多种复杂钢结构现场安装的要求。

在钢结构制作构件中，弧形构件占有很大的比例，且不满足现有埋弧焊等设备的范围，此类构件的焊缝主要依靠人工焊接，人工分段焊接，其焊缝成形水平参差不齐。当下的自动化设备主要适用直线焊缝焊接，此类弧形构件若采用自动化设备需要借助于弧形轨道，不同弧度需匹配相应轨道，导致设备成本增加。因此，柔性轨道机器人产品可以解决此类问题，借助柔性轨道利用强磁吸附于构件外表面，实现弧形焊缝的自动焊接，应用场景如图 4-53 所示。

图 4-53 柔性轨道机器人应用场景

①上海中心大厦项目

上海中心大厦地下 5 层，地上 125 层，8 道桁架层，建筑总高度为 632m，几乎包括我国钢结构施工所有的技术难点，为目前中国第一高楼。钢结构具有以下特点：焊接材料为 Q345GJC、Q390GJC 低合金高强度结构钢，焊接要求高；板材厚，最厚处为 140mm；单一截面累计焊接长度达 18m，常规的焊接方法难以满足质量要求。项目采用北京石油化工学院和江阴纳尔捷机器人有限公司联合开发的全位置柔性轨道式焊接机器人进行焊接，解决了机器人现场安装、精确定位及焊接工艺等技术瓶颈，为我国钢结构现场安装设备的自动化发展注入强劲的动力，如图 4-54 所示。

图 4-54 巨柱焊接机器人布置

②苏州国际金融中心项目

苏州国际金融中心 T1 塔楼建筑面积为 393 208m²。地下 5 层，地上 93 层，用钢量 6.1 万 t，建筑高度 450m。钢结构焊接特点：形状复杂，巨型外框柱为品字形、双王字形；焊缝长，单道焊缝最长达 2.3m；板材厚，最大板厚为 70mm，主要材质为 Q345B 钢和 Q345GJB 钢。项目采用唐山开元集团研制的便携式柔性导轨弧焊机器人，该机器人的应用实现了超高层临边厚板长焊缝的自动化 CO_2 气体保护焊，为类似工程的自动化焊接施工提供了借鉴和指导。

3）无轨道式焊接机器人

无轨道式焊接机器人分为轮式和履带式，多用于特种钢结构的作业，因轮式和履带式的独有属性，能跨越各种小起伏障碍，适用于空间狭小、结构复杂的小尺寸钢结构焊接，但其焊接行走时的不稳定性以及钢构件长直粗大的特性决定其不适合高层及超高层钢结构的焊接。

4）Mini 型弧焊机器人

目前，在钢结构制造行业中应用性比较高的是 Mini 型焊接机器人，在日本钢结构的制作中应用较为广泛。Mini 型焊接机器人由焊接电源、控制箱、机器人本体、示教器、送丝装置、焊枪及线缆组成；其借助直线型轨道可以实现多种焊接位置及焊接坡口形式的自动焊接，主要适用于一些平直构件主焊缝的焊接，在钢结构构件的制造厂及安装现场均可应用，如图 4-55 所示。

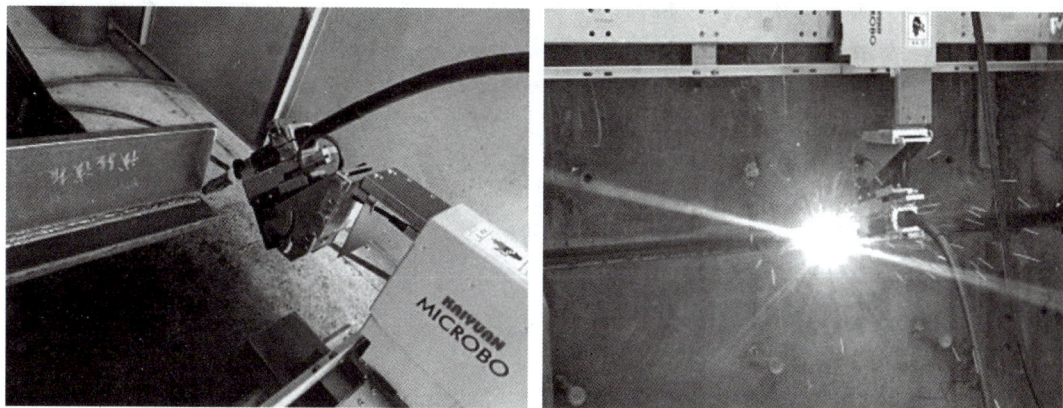

图 4-55　Mini 弧焊机器人应用场景

Mini 型焊接机器人最大的优点是在丰富的焊接数据库的前提下，机器人可以自动识别实际的坡口信息，并根据数据库，自动生成焊接层道次及焊接参数，此种方式大大提高了焊接的智能化及效率。但也存在着焊前调试及参数库填充耗费时间长的不足，其优缺点见表 4-3。

Mini 弧焊机器人优缺点　　　　　　　　　　　　　　表 4-3

优点	缺点
小巧便携、易搬运、易安装	层间需设置停止点清渣
高智能、高效率、高品质	转角焊缝不能连续焊接
可全自动、半自动、手动示教，自动生成焊接参数	焊前调试耗费时间较长
适合较长，平直焊缝多种坡口形式的焊接	对坡口及组装精度要求较高
可完成平焊、横焊及立焊轨道吸附，对平面度要求高，操作简单，一人可同时操作多台机器人焊接	导轨连接需增加灵活性

5）视觉识别焊接机器人

当前各行各业应用的焊接机器人基本都是通过在线编程或者离线编程技术将焊接指令传至焊接机器人，即通过示教编程的功能，通过手动操控示教器来指引焊枪到起始点，然后在系统内选择焊枪的摆动方式、焊接工艺参数等，以此来生成焊接程序，实现焊接功能。在钢结构行业应用焊接机器人，示教编程必然会成为一大阻碍，对于结构复杂、构件形式不一的焊缝，示教编程必然会耗费大量时间，且需要专业人员进行编程。

随着行业的发展，市场上出现了视觉识别焊接机器人，研发者是将当下时兴的视觉拍照、激光扫描与焊接机器人结合在一起，在电脑端通过视觉拍照选取所要焊接的起始点和结束点，并在系统内对焊缝形式进行定义，定义完成后

图 4-56　视觉识别焊接机器人应用场景

机器人接收指令进行实际焊缝位置的激光扫描来自动纠偏，最终实现焊缝的自动焊接。此种方式的一大优势是省略了人工示教的程序，大大节约了在线操作编程的时间。但同时对于激光扫描采集的信息准确性也提出了更高的要求。目前，我国已有多家企业在焊缝的三维扫描、实时跟踪反馈、不同焊缝形式的自动焊接等方面进行研发，致力于焊接机器人在钢结构中的应用，如图 4-56 所示。

2. 与人工焊接的比较

1）焊接效率高

焊接机器人响应时间短，动作迅速，焊接速度远超人工焊接，且机器人运转过程不停顿、不休息，只要保证外部电、气等条件，就可以持续工作，提高了生产效率。钢结构施工比较密集，且焊接节点多，焊接量大，使用机器人能够充分利用机器人焊接的连续性，焊接效率高。

2）焊接质量稳定

焊接机器人在焊接过程中，只要给出焊接参数、运动轨迹，机器人就会精确重复此动作。采用机器人焊接时，每条焊缝的焊接参数都是恒定的，焊缝质量受人的因素影响较小，降低了对工人操作技术的要求，因此焊接质量是稳定的，从而保证产品质量；而人工焊接时，焊接速度、焊丝伸长等都是变化的，很难做到质量的均一性。焊接机器人用于钢柱、钢梁、桁架等部位的焊接，如钢柱、桁架部位为厚板焊接，焊接时需要连续焊接，均选择使用焊接机器人焊接，可以不停顿，连续焊接完成整条焊缝，能够有效保证焊接质量。

3）可重复性高

机器人可重复性高，只要给定参数，就会永远按照指令动作运行，因此机器人的焊接产品周期明确，容易控制产品产量。机器人的生产节拍是固定的，因此安排生产计划十分明确，准确的生产计划可以提高生产效率。

3. 未来的发展方向

智能化、互联化已经成为焊接机器人未来发展的主流方向。所谓智能化，主要指焊缝的精准追踪传感。要想取代人工焊接操作，机器人就要根据坡口的实际情况进行精准化的追踪焊接，所以从单一化的示教型向以智能为核心的多传感器和智能柔性处理系统转变是主流的发展趋势。目前来看，市场保有的大部分智能化焊接机器人仍为示教型，焊缝的精准追踪传感技术还不成熟，仍有很大的提升空间。

相比智能化的进展缓慢，焊接机器人的互联化已经有了长足的进展，由中建钢构工程有限公司引进的焊接机器人区域互联技术，已经成功应用到钢构件的现场安装上。互联技术通过区域网将焊接机器人与终端设备连在一起，可实现焊接的远程信息化操作，不仅可以提高焊接效率，而且可以保证操作人员的安全性。同时焊接现场的实时操作情况可以通过网络同步到公司的监控系统，进一步加强焊接质量的管控。焊接机器人的智能化和互联化发展是其未来发展的总体趋势，在其他方面也将取得长足的发展，比如焊渣自动清理、复杂构件的焊接、焊前安装时间长等问题，需要一步步的技术突破，这些并不是制约焊接机器人发展的瓶颈，在市场需求的推动下，未来的发展潜力将十分巨大。

4.4.3 焊接机器人跟踪控制技术

焊缝跟踪技术是焊接过程纠偏的重要途径，也是焊接机器人技术研究开发的重点之一。在实际焊接过程中，受加工精度、装配精度及构件变形的影响，预先规划的焊接路径往往偏离实际需要的焊接轨迹，需要通过焊缝跟踪技术实时监测出焊缝位置偏差信息，并根据偏差信息实时调整焊接路径和焊接参数。同时，焊缝跟踪是实现焊接自动化的最后一个环节，也是最能体现一个焊接系统智能程度的部分。因此在这一环节中，各种人工智能技术的应用也是最多的。焊缝跟踪时，首先，需要选取一个物理量作为被控制量，例如焊枪尖部图像、熔池图像等；其次，需要确定获取被控质量的手段和研究方法，例如最常用的通过视觉方法，通过 CCD 摄像机获取枪尖和熔池图像；最后，将被控质量信息发回控制器，进行数据处理运算，实现焊缝的自动跟踪，完成焊接自动化进程。而实现过程中所需要使用的算法和技巧正是目前所研究的热点。

在实际焊接过程中，钢结构构件装配偏差和焊接变形会导致焊缝轨迹偏离，需要采用焊缝跟踪技术实时纠偏焊接轨迹。电弧跟踪技术是焊缝跟踪技术的一种，通过焊接电弧的摆动，利用电弧与工件之间距离变化引起的焊接参数变化来探测焊枪位置偏差，从而检测焊缝的中心位置，实现实时跟踪。电弧跟踪具有反馈速度快、跟踪实时性好的特点，且不受焊接弧光、飞溅和烟尘的影响，特别适用于钢结构构件的焊缝跟踪。

基于视觉感知的焊接机器人初始焊位识别与焊缝轨迹追踪研究，是实现高质量、高效率焊接的关键。焊缝自动识别是实现焊接操作的首要步骤，也是提升其智能水平，实现智能、自主焊接的关键。由于加工和装配上的误差，以及焊接过程中产生的不均匀温度场导致的焊接变形等会造成焊缝形状及位置的变化，因此在焊接过程中采用焊缝跟踪技术实时检测焊缝状态，以调整焊接路径，对保证焊接质量至关重要。当前，针对焊接过程中存在的一些问题，提出基于传感器技术及控制方法。在传感器中，CCD 传感器具有信息采集能力强、稳定性好、成像清晰直观等优点，在焊接机器人中的应用正在从单传感器向多传感器的智能化信息融合发展。在控制中，模糊控制、神经网络控制、焊接专家系统、混合控制等方法已被成功地用于焊接自动识别和追踪，其组合应用使其具备较强的自适应性、自学习能力和自组织能力。

1. 电弧跟踪技术

电弧跟踪技术是利用导电嘴端部与母材之间距离变化引起的焊接参数变化来获得焊枪的空间位置信息，其中旋转电弧跟踪和摆动电弧跟踪是电弧跟踪技术中两种常用的方法。旋转电弧跟踪技术是基于焊炬的旋转扫描实现焊缝跟踪，其旋转频率可达到 100Hz 以上，跟踪精度和灵敏度高。目前，旋转电弧跟踪技术已可应用于矩形焊缝、空间曲面焊缝、仰焊焊缝等焊缝的跟踪，如图 4-57 所示。

摆动电弧跟踪技术基于电弧随焊枪周期的摆动，并检测焊接过程电信号的变化，以得到焊枪的位置信息，实现焊缝跟踪。目前，摆动电弧跟踪技术应用于中厚板窄间隙焊接、厚壁结构焊接等领域均有相关文献报道。磁控电弧跟踪技术是电弧跟踪技术发展的新方向，通过周期性变化磁场，焊接电弧随之发生周期性偏转，而焊枪不需要做复杂运动。

2. 视觉跟踪技术

视觉跟踪技术具有抗干扰能力强、提取信息量大等优点，对提高机器人柔性、实现其过程决策有重要作用。焊缝视觉跟踪系统通过光学反射关系测量焊缝位置，以激光为光源的结构光式视觉系统应用最为广泛。3D 工业相机引导自动焊接装备（图 4-58）代替传统人工焊接，采用智能实时焊缝跟踪技术，通过传感器测量焊缝偏移，引导并控制焊枪精准定位，避免因工件位置偏差造成的焊接缺陷，提高生产效率及产品质量，跟踪精度可达 0.1~0.3mm。

图 4-57　无导轨自适应管道焊接机器人　　　　图 4-58　自动焊接装备

本章小结

我国钢结构工程技术在深化设计、焊接技术、安装技术等各方面都取得了长足的进步，并建造了众多在世界范围内极具影响力的大跨度、超高层建筑工程，解决了众多技术难题。随着我国钢结构制造技术、加工、设计技术的不断进步，钢结构的材料性能不断提升，钢结构覆盖的建筑领域也逐步增大；随着数字化、机械化技术的发展，钢结构技术也朝着自动化、智能化的方向发展，钢结构必将在未来的建筑业中占据日益重要的地位。本章结合钢结构施工的主要工序和关键技术，分析了智能化技术在钢结构施工中的运用，以及智能化手段如何在解决工程施工过程中的各种问题。

思考与习题

4-1 从智能化施工的角度，谈谈北京大兴国际机场在各施工阶段运用了哪些创新智慧建造技术？

4-2 就整个钢结构施工过程而言，总结 BIM 技术在钢结构施工中的应用。

第5章

智能化施工质量安全管理

本章要点

1. 了解智能化施工质量安全管理的基本概念、背景、意义和趋势；
2. 掌握智能化施工过程中质量安全管理方面的新技术、新设备、新方法；
3. 学习智能化施工项目质量安全管理工程案例。

教学目标

1. 了解智能化施工质量安全管理基本概念，了解智能化施工质量安全监测管理的过程，掌握智能化施工质量安全监测控制和管理的原理、技术和方法，理解其对建筑行业发展的重要性；

2. 能够发现和分析工程质量安全管理不足与缺陷，运用智能化施工技术解决工程质量安全方面的重点、难点和关键问题；

3. 能够根据工程特点和环境条件进行质量安全目标合理规划，培养学生创新思维和团队协作能力，具备运用智能化施工技术和方法解决工程质量安全问题的基本能力。

案例引入

福建泉州欣佳酒店"3·7"坍塌事故

2020年3月7日19时14分，福建省泉州市鲤城区欣佳酒店所在建筑物发生坍塌事故，造成29人死亡、42人受伤，直接经济损失5794万元。

事故性质：国务院成立泉州欣佳酒店"3·7"坍塌事故调查组，经调查认定，福建泉州欣佳酒店"3·7"坍塌事故是一起主要因违法违规建设、改建和加固施工导致建筑物坍塌的重大生产安全责任事故。

这起事故性质严重、影响恶劣，依据《中华人民共和国安全生产法》《生产安全事故报告和调查处理条例》等有关法律法规规定，国务院批准成立了由应急管理部牵头，公安部、自然资源部、住房和城乡建设部、国家卫健委、全国总工会和福建省人民政府为成员单位的事故调查组进行提级调查。为确保事故调查报告科学严谨、责任认定准确，国务院事故调查组组织清华大学、北京大学、中国人民大学、中国政法大学、中央党校等多位权威专家，召开第三方专家论证会，对事故调查报告进行评估论证，确保事故原因和事故性质认定准确，事实清楚、客观公正。

事故直接原因：事故责任单位泉州市新星机电工贸有限公司将欣佳酒店建筑物由原四层违法增加夹层改建成七层，达到极限承载能力并处于坍塌临界状态，加之事发前对底层支承钢柱违规加固焊接作业引发钢柱失稳破坏，导致建筑物整体坍塌。

事故追责：对事故单位和技术服务机构给予吊销营业执照、特种行业许可证、卫生许可证等证照，吊销或降低企业资质，撤销消防设计备案、消防竣工验收备案、列入建筑市场主体"黑名单"、罚款；对有关责任人员吊销资格证书处理，对 64 名有关责任人依法依规追究责任。

事故调查报告指出了 6 个方面的主要教训，提出了 6 个方面的防范和整改措施建议。事故调查报告具体内容详见中华人民共和国中央人民政府网站《福建省泉州市欣佳酒店"3·7"坍塌事故调查报告公布》。

值得我们思考的是：

（1）为什么不能做好风险分级管控和事故隐患排查工作，把事故消灭在萌芽状态？为什么无法规避事故的发生？

（2）如何在工程质量安全和经济效益之间找到平衡？应采取哪些措施和方法来防范此类事故的发生？

5.1 智能化施工质量安全管理概述

近几年，随着物联网、人工智能和云计算等技术进步，为众多行业的智能化发展提供了新的机遇。建筑业作为国民经济的重要支柱产业，自 2010 年以来，全国建筑业增加值占国内生产总值的比例始终保持在 6.6% 以上，但我国建筑业呈现出大而不强、企业规模化程度低、产业现代化程度不高、技术创新能力不足、市场同质化竞争过度等现实问题。当前建筑业仍属于粗放式劳动密集型产业。新时代我国经济已由高速增长阶段转向高质量发展阶段，正处在转变发展方式、优化经济结构、转换增长动能的攻关期。建筑业在过去取得的巨大成就的基础上，正处于转型升级迈入高质量发展的关键阶段。大力发展智能建造是抢占科技竞争制高点、提升建筑业国际竞争力的有力抓手。智能建造基于物联网、大数据、BIM、云计算、人工智能等信息化技术以及机械自动化和智能机器等应用技术的基础上，通过智能化提高组织的管理和决策能力，提高建造过程的智能化水平，促进建筑业提质增效。智能建造涵盖工程的设计、生产和施工三个阶段，是解决建筑行业低效率、高污染、高能耗的有效途径，符合建筑业高质量发展的时代需求。近年来，国家有关部门和地方政府大力支持智能建造的发展，颁布了一系列政策文件，智能建造也纳入国家"十四五"规划纲要。为贯彻落实党中央、国务院决策部署，大力发展智能建造，住房和城乡建设部选取北京、天津、重庆、深圳等 24 个城市开展智能建造试点，积极探索以科技创新推动建筑业转型发展的新路径，以智能建造为核心的"中国建造"迎来新的发展机遇。

由于传统建筑业具有生产效率低、事故率高、劳动力密集等特点，在数字化、智能化技术快速发展的背景下，智能化施工将成为工程质量安全管理效率提高的重要抓手。

智能化施工质量安全管理是应用先进的技术和系统，将人工智能、传感技术、数字技术、虚拟现实等高科技技术以及机器人、现代监测技术应用到施工质量安全管理中，对工程施工过程中质量安全进行全面监测、控制和管理的过程，可以有效提高工程施工效率和安全性，最大限度地减少事故风险和工程质量问题。

目前在智能化施工质量安全管理方面，智慧工地管理系统（图 5-1）是常用的新型管理模式。智慧工地管理系统运用信息化、智慧化手段，完善工地信息化体系，实时监管施工现场动态，实现施工现场质量安全管理。智慧工地管理系统划分为六大板块，分别是人员管理板块、绿色施工板块、安全施工板块、质量监管板块、进度管理板块、协同管理板块。工程施工过程中最重要的环节就是质量安全管理，安全施工板块主要是现场人员、机械设备及工程安全管理板块，主要包括人员劳务实名制系统、塔式起重机安全监测系统、吊钩可视化系统、升降机安全监测系统、高支模监测系统、扬尘环境监测、深基坑监测、智能临边防护、电子围栏系统、施工人员智能安全帽、智能用电安全管理、视频监控等，构建智能监控防范体系，做到对"人、机、料、法、环"等进行全过程、全方位无死角实时监控，变被动"监督"为主动"监控"，实现真正意义上的事前预警、事中监测、事后规范管理，为工程项目现场安全管理效能提升，实现更安全、更高效的施工安全管理提供支持。质量监管板块涉及的要素较多，主要是依据国家有关法律法规和标准规范，严格落实材料检测、工序检查、专项检查、问题督改、工程验收、信息统计分析等质量管理的主要环节，监控施工过程中的质量状态，规范管理人员的工作流程，全面提升工程项目质量精细化管理水平。

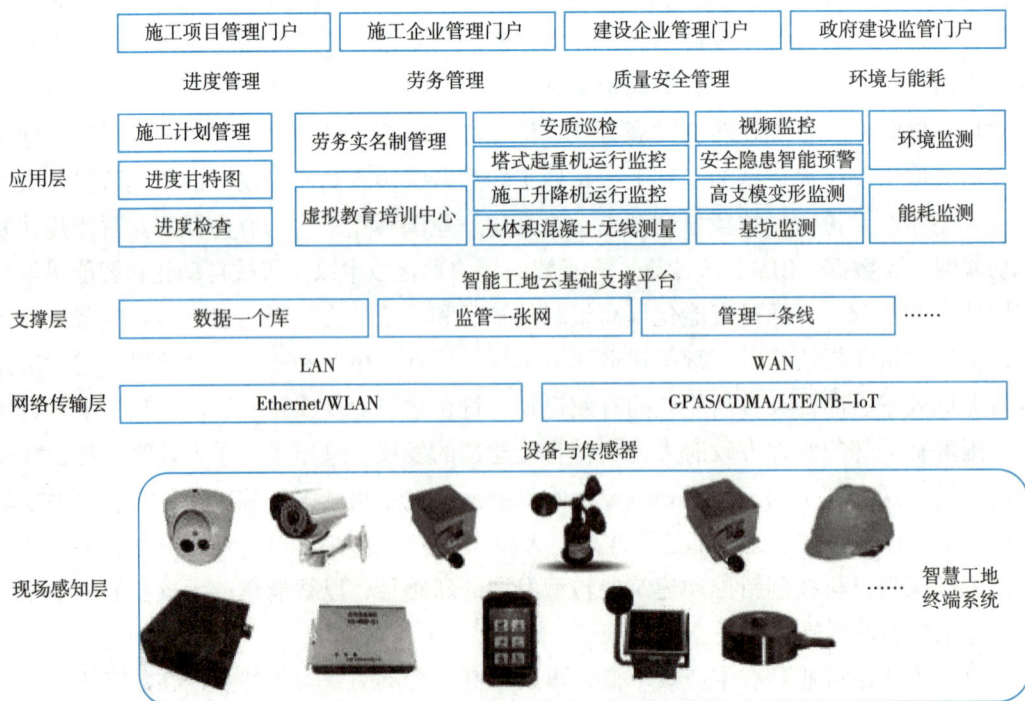

图 5-1 智慧工地管理系统

5.1.1 建筑工程质量安全管理现状

由于现代工程具有结构复杂，工程体量大、工序多、交叉作业多、施工周期长等特点，再加上建筑产品本身固有的特性，施工现场存在环境复杂，人员、机械设备流动频繁等特点，导致施工现场存在诸多安全隐患，针对项目实施的工程施工质量安全管理也具备相应复杂性、动态性、综合性等特点。

近年来，随着建筑业的快速发展，施工技术水平也不断提升，但工程施工质量安全问题却越发严重。工程施工现场安全隐患多存在于深基坑、高处作业、高支撑模板体系、交叉作业、垂直运输以及各种机械设备使用等。事故类别主要归集为"五大伤害"，即高处坠落、触电、物体打击、机械伤害及坍塌。有关统计表明，"五大伤害"事故占事故伤亡人数的90%以上。从施工特点看，主要由于脚手架搭设不规范、高处作业防护不严、基坑及模板支护不牢、施工临时用电不规范、机械设备使用不当等原因造成。究其根源，主要是由于人的不安全行为、物的不安全状态、不良环境条件和管理缺陷所导致。具体来说，是由于工程项目参建方思想认识和组织领导不到位，责任和措施落实不到位，管理和监督不到位，安全和投入保障不到位，安全教育和培训不到位"五不到位"问题所导致。人既是安全事故的创造者，又是事故发生后的受害者。从大量的工程安全生产事故调查报告来看，80%以上事故的发生是由于施工人员的不安全行为造成的。工程质量安全问题是社会热点问题，随着社会对高质量、高品质建筑产品的需求以及对安全生产的高度重视，工程质量安全水平提升成为工程管理领域一个非常重要的问题。

随着科学技术的不断进步和发展，给各行各业带来了新的发展机遇。现代信息技术、云计算、物联网、人工智能以及 BIM 技术在工程全生命周期得到广泛应用。但相比较制造业来说，建筑业从传统粗犷式向现代精益建造发展的步伐还远远不够。当前，推动建筑业数字化转型升级成为建筑业转型升级的一个重要内容，《2016—2020 年建筑业信息化发展纲要》中明确提出增强 BIM 与云计算、大数据、物联网等技术的集成应用能力。BIM 技术可以对施工环境开展静态与动态行为分析，从设计阶段就预防和排查安全隐患问题，施工过程优化通过虚拟施工进行质量安全规划沟通、空间冲突管理。通过 BIM5D 技术进行施工过程动态管理，以减少施工变更和缩短施工周期，有利于工程质量水平提升。

5.1.2 智能化施工质量安全管理的定义与背景

施工过程中安全隐患中涉及专业较多，交叉作业复杂，存在较多潜在危险源，再加上施工过程受设备、天气环境、人为操作、安全防范和预警机制不完善等因素影响，施工现场可能会存在各种风险隐患，不仅会影响工程质量，甚至可能威胁到人员安全。传统的施工质量安全管理主要依赖于人工巡检和经验判断，存在着信息获取滞后、隐患识别不精准等问题。随着工程项目的日益复杂化、大型化，施工技术的难度增大、施工环境的多方受制，项目实施过程中的质量安全问题日益突出。工程项目的所有参与方或利益相关方，都越来越注重项目的质量安全问题。施工质量安全管理中可融入智能化技术，利用智能化技术对施工风险进行分析，根据风险类型和成因，结合工程实际情况给出应对措施，确保施工质量安全。

质量管理是工程项目管理的重点内容，传统的质量管理主要是采取一系列措施，对影响工程质量的"人、机、料、法、环"五大因素进行控制。可以按照 PDCA 循环原理，把质量管理全过程划分为 P（计划 Plan）、D（实施 Do）、C（检查 Check）、A（总结处理 Action）4 个阶段。或者按照三阶段控制原理，即事前规划、事中控制、事后总结。也可以根据全面质量管理（TQC），采取全面、全过程、全员参与质量管理。这几种工程质量管理方法是经过实践检验的有效工程质量管理方法。质量管理需要明确质量目标，将目标层层分解，直到最基层岗位，从而形成自下到上、自岗位到部门的层次质量控制，保证工程工序质量。智能施工质量管理在智慧工地管理系统中可以实现，根据建筑施工的质量标准，在建造过程中充分利用 BIM、物联网、5G、人工智能、云计算、大数据等新一代信息技术，改变传统施工现场管理的交互模式，实现对施工过程工艺质量的全方位实时监控，达到高效、高质量、绿色、安全建造目标。

智能安全管理的核心目标是利用智能化技术，针对不同类型的施工风险给出对应的解决措施和防治措施，规避施工安全风险，减少工程事故的发生。智能施工安全管理通常也是利用智慧工地管理系统实现，通过智能化的技术手段保证施工安全。智慧工地管理系统中的安全系统包括感知层、传输层、模型层、数据层和应用层，可以完成处理采集的数据、进行风险监测以及可视化的风险预警。其核心是通过 BIM 的安全风险预警模式，实现通过 BIM 建模查找危险源，对重要危险源进行动态监测分析，判断其有无突破安全阈值，一旦超过阈值就要进行信息预警，若在安全阈值内，通过 BIM 模型追踪施工进度，进行危险源数据库更新。真正做到了及时发现问题并对循环检验中的问题进行解决。智慧工地施工现场危险区域监测系统工作流程如图 5-2 所示。

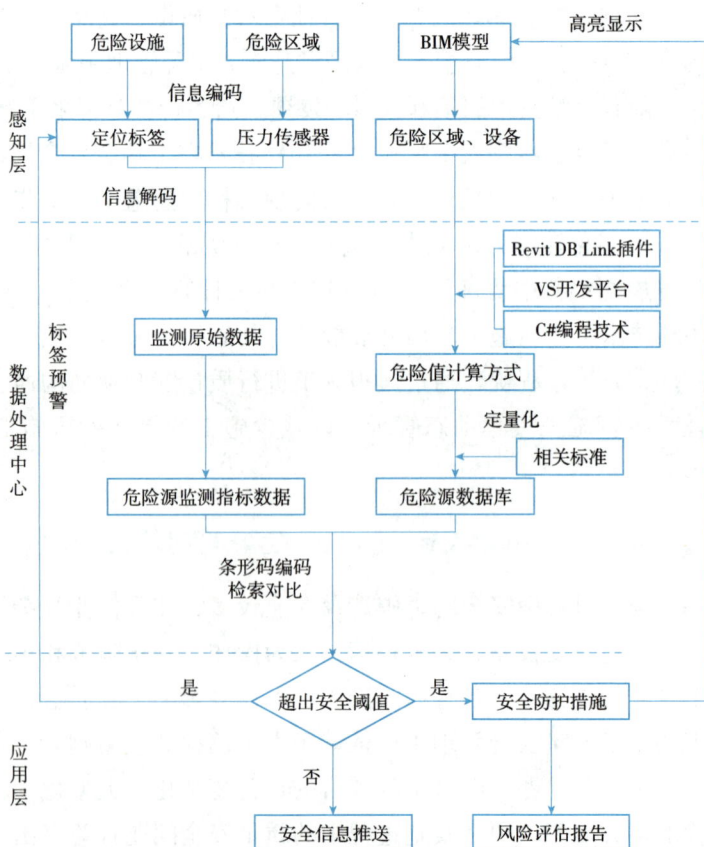

图 5-2　智慧工地施工现场危险区域监测系统工作流程图

智能施工质量安全管理是一种基于现代科技手段的施工质量和安全管理方式。通过引入智能化监测设备、传感器和数据分析系统，实现对施工现场各种因素的实时监测和数据采集。同时，结合大数据分析和人工智能算法，对数据进行处理和分析，帮助项目管理者及时发现潜在的质量隐患和安全风险，以便采取有效的措施加以解决。

随着计算机、自动化、人工智能等技术的飞速发展，将有关技术应用到传统的工程行业中是必然趋势，为工程质量安全管理提供了更为高效、准确的监测手段，有力地促进了建筑业转型升级。

5.1.3 智能化施工质量安全管理对建筑业高质量发展的重要性

建筑施工是一项危险性较高的工作，保障工程质量和施工人员安全是工程项目实施的前提。随着新技术、新方法在智能建造领域的应用，施工质量安全管理方式也从被动变为主动，信息流在这种变化中起到了关键作用，主动质量安全管理要求信息流程更加顺畅和高效。质量安全管理是信息收集、传输、存储、分析、估计、可视化和响应的信息流通过程，可以采用多种创新技术来协助管理信息流。如使用射频识别（RFID）、激光扫描、传感器和北斗卫星定位系统收集身份信息、位置信息和环境信息等安全相关信息。无线网络和超宽带用于将安全信息及时传送到正确的地点和人员。通过数据挖掘、地理信息系统（GIS）和增强现实和可视化技术，如 3D、4D、5D、虚拟现实（VR）和建筑信息建模（BIM）用来分析质量安全信息，并将结果进行可视化评估，以指导施工实践，提高工程质量，降低安全风险，避免人员伤亡。

智能化施工对建筑行业质量安全管理具有重要的意义：

1）提高工程施工质量。通过智能监测技术实现精细化管理，实时掌握工程施工过程，包括施工设备的运转情况、建筑材料的使用情况、施工人员的作业情况等。对施工现场进行温度、湿度等数据的监测，可以预测混凝土等重要施工材料的硬化时间，及时发现和解决施工过程中的质量问题。此外，也可以利用人工智能技术，对施工现场的数据进行深度学习和分析，提高预测准确度和预警效果，可以及时发现和解决施工中的安全隐患和质量问题，确保工程质量达标，避免出现人为失误或工作量不均等问题。

2）降低施工安全风险。智能监测系统能够对危险环境和潜在风险进行监控，在事故发生前或发生中，实现自动警告预警，实现全过程监管，保障工人的人身安全，可有效降低生产安全事故发生的概率。

3）提高工程施工效率。自动化和智能化的监测手段可以提高施工过程的效率，减少人工操作，降低人力资源成本。比如，可以利用无人机对工地进行巡检，发现问题并及时解决；还可以实现工地内部各个部门之间的协同工作，确保施工过程的协调和高效，有效减少人为失误或沟通不畅等问题。

4）数据驱动决策。通过数据分析和人工智能算法，将人工智能处理技术运用于决策分析中，使人工从大量重复、繁琐的劳动中解放出来，实现人、计算机的有效结合，实现无人值守，全时监管预警。帮助项目管理者做出科学、准确的决策，提高施工质量安全管理水平。

5.1.4 智能化施工质量安全管理发展趋势

目前，全球的建筑业发展均呈现智能化、信息化、工业化态势，数字化建造势在必行。未来，随着大数据、人工智能、工业互联网、机器人、BIM 和 5G 等新技术在建筑领域应用的不断成熟，将打开建筑业高质量发展的新篇章。2020 年 7 月 3 日，住房和城乡建设部联合国家发展和改革委员会等十三个部门联合印发《关于推动智能建造与建筑工业化协同发展的指导意见》（建市〔2020〕60 号）。住房和城乡建设部在 2022 年 1 月发布《"十四五"建筑业发展规划》提出加快智能建造与新型建筑工业化协同发展和优势互补，从追求建筑业的高速增长转向追求高质量发展的智能建造。到 2035 年将全面实现建筑工业化，完成建立自主的高素质人才梯队，显著增强我国建筑产业的核心竞争力和整体优势，中国建造达到世界领先水平。

北京、上海、重庆、江苏、深圳等全国多个省市出台推进智能建造发展的相关政策措施。2022 年 12 月 26 日，江苏省为贯彻落实住房和城乡建设部等部门《关于推动智能建造与建筑工业化协同发展的指导意见》以及《关于加快新型建筑工业化发展的若干意见》等文件精神，出台了《关于推进江苏省智能建造发展的实施方案（试行）》，为促进传统建造方式向新型建造方式转变，加快产业结构优化，提升智能建造水平，推动建筑业高质量发展，将从建立健全智能建造标准体系，突破智能建造关键领域，拓展智能建造应用场景，构建智能建造绿色化应用体系，打造智能建造领军企业，加快推进建筑行业"智改数转"六方面推进。湖南省长沙市紧跟国家智能建造与新型建筑工业化协同发展的步伐，打造全国首个智能建造"筑梦云"平台，提供设计、生产、施工、采购等数字化建造产品，着力打造一批智慧工程、智慧工地、智慧工厂的智能建造应用场景，培养智能建造人才。深圳市全力实施"六大体系"建设，奋力推进深圳从"建造"走向"智造"，由智能建造国家"试点"迈向"示范"引领。

在科技发展和相关政策的有力加持下，智能建造将为我国建筑行业的高质量发展、智能化转型带来新的机遇。BIM、3D 打印、人工智能、自动化、物联网、云计算和大数据等技术的发展也将为智能化施工质量安全管理带来更多可能性，使建筑业迈向更加高效、智能的未来。智能化施工质量安全管理技术将继续推进，并可能涌现更多创新的解决方案，将会给我国建筑行业的高质量发展、智能化转型带来新的发展机遇。今后，将充分发挥智能建造的引领和支撑作用，加大智能建造技术在工程建设各环节应用，实现工程建设高效率、高质量、低消耗、低排放，增强建筑业可持续发展能力。探索和建立新型建筑工业化及智能建造人才培养长效机制，加大智能建造人才培养，设立相关专业，构建支撑智能建造高质量发展的人才队伍。

5.2 智能化监测技术在建筑工程质量安全管理中的应用

随着科技的不断进步，智能化机械设备和监测技术在工程项目的质量安全管理中发挥着越来越重要的作用。利用先进的建筑机器人、传感器、数据采集、物联网和人工智能等智能化监测技术，能够实时监测工程项目的各项参数，并对数据进行分析和预警，帮助工程管理者及时发现问题，采取相应措施，有效保障工程施工过程中的质量安全管理。

5.2.1 智能化监测技术在建筑工程质量管理中的应用

1. 无人机监测

随着科技发展，无人机已经成为智慧工地管理系统的重要应用之一，可以应用在安全管理、进度管理、质量管理、文明施工及形象宣传、施工前准备工作、现场测量等工作中。

施工现场无人机应用依托无人机平台、实时监测系统、信息系统，根据现场管理需求，设置实时监测，获取监测视频、音频信息，通过信息存储到数据服务器，然后进行判断运算，为现场管理人员提供管理决策建议；可通过移动终端申请访问数据库，调取历史施工现场信息。在质量管理方面，在无人机全自动飞行系统的支持下，实现全方位巡视和监测工地情况，可以实现自动巡检巡视工地。通过搭载高清摄像头、热像仪和传感器等设备，能够对施工过程中的质量问题进行实时监测与识别。在图像处理技术的支持下，无人机可以对建筑结构、细部工艺等进行智能分析，快速发现质量问题，实时监测施工工序质量，能够对施工质量进行智慧监控和管理，辅助工地管理者了解工地实际情况，并采取相关措施，提高工程建设质量。系统可以连接报警装置，针对可能存在的质量安全问题发出预警。建筑施工无人机监测如图 5-3 所示。

2. 建筑物沉降变形智能化监测

建筑物沉降变形是一个重要的工程质量问题，在工程项目的整个生命周期都需要进行监测和控制。沉降变形监测是指在结构物建造或工程实施过程中，对地基或地面在受载作用下出现沉降或变形等现象进行实时监测的一种技术手段。由于地基或地面的变形会对整个建筑物或工程质量安全造成影响。因此，沉降变形监测对确保建筑物或工程施工质量安全具有非常重要的意义。

图 5-3 建筑施工无人机监测

建筑物沉降变形智能化监测主要通过安装传感器，进行数据采集和监测分析来实现。目前工程中广泛应用的沉降变形监测方法有多种，如全站仪法、水准仪法、倾斜仪法、位移传感器法等。这些方法各有特点，可以满足不同工程、不同地形的监测需求。智能化建筑物沉降变形监测技术可以通过安装变形传感器和全站仪等设备，实时监测建筑物的沉降和变形情况。智能化监测技术用于建筑物沉降变形监测主要优点是其高精度、实时性和全面性。监测数据精确可靠，可以实时反映地基或地面的变形情况，及时预警，减少事故发生概率。数据会传输至中央控制系统，并进行分析，当发现异常情况时，及时警示工程管理人员进行处理（图5-4）。这种实时监测和预警功能智能化监测技术可以有效减少建筑物沉降和变形引起的质量安全隐患，保证建筑物的安全稳定性和使用寿命。

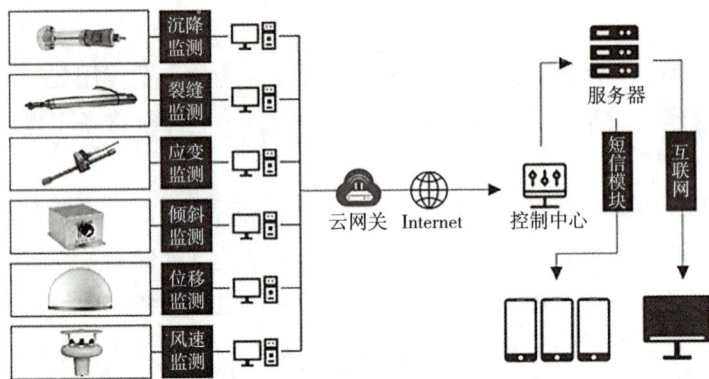

图5-4　建筑物沉降变形智能化监测

3. AR 智能化巡检

AR（Augmented Reality）技术是一种将虚拟信息与现实世界相结合的技术，可以为工地巡检提供更加直观和高效的支持。AR智能化巡检系统可以将传感器数据与虚拟信息相结合，实现对工地现场的实时监测。例如，通过AR眼镜或手机应用程序，可以实时查看工地上的各种设备和材料的状态，以及工人的工作进度、施工质量和安全情况。AR技术可以查看设备的实时状态和历史记录，可以帮助工人快速识别和定位工地上的故障和问题，可以为工人提供更加生动和直观的培训和教育体验。工人通过AR眼镜可以观看虚拟演示和模拟操作，以便更好地了解设备的操作方法和安全规程。AR技术可以帮助工人更好地管理和控制工地的质量安全风险，工人可以查看安全提示和警告，以及危险区域的标识，以便更好地了解工地的安全情况和需要采取的措施。AR技术可以将大量的数据进行分析和可视化，以便更好地了解工地的运营情况和改进方向。工程项目管理人员可以查看设备和材料的使用情况、工人的工作进度和质量等数据，以便更好地了解工地的运营情况和改进方向。

AR智能化巡检系统可以对施工现场的实时监测、故障诊断、培训和教育、安全管理、数据分析等方面提供支持（图5-5），可以帮助工人更好地理解和掌握工地管理知识和技能，提高工作效率、工程施工质量和安全性。AR智能化巡检系统可以通过在工程图纸上叠加虚拟信息，实现对施工现场的虚拟巡视。工程管理人员可以通过 AR 设备或智能手机，直接查看施工现场的实时状态，识别潜在问题和质量缺陷。这种方式比传统的巡检方法更为高效和直观，有助于快速发现和解决问题，提高施工质量和安全水平；未来，随着 AR 技术的不断发展和完善，将会在工地巡检中发挥越来越重要的作用。

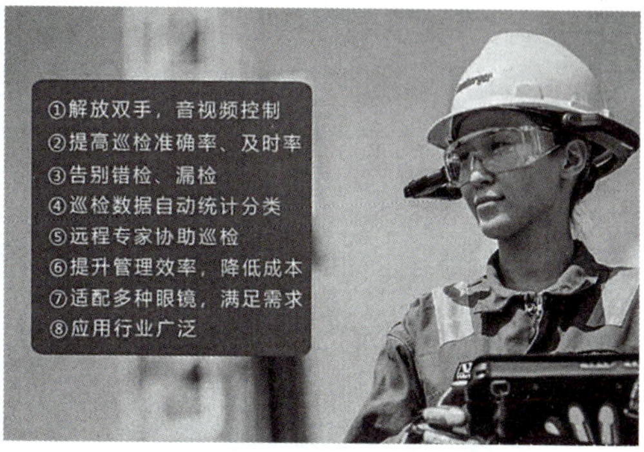

① 解放双手，音视频控制
② 提高巡检准确率、及时率
③ 告别错检、漏检
④ 巡检数据自动统计分类
⑤ 远程专家协助巡检
⑥ 提升管理效率，降低成本
⑦ 适配多种眼镜，满足需求
⑧ 应用行业广泛

图 5-5　AR 智能化巡检

4. 大体积混凝土质量智能化监测

在大体积混凝土施工中，由于水泥水化热会引起混凝土浇筑体内部温度剧烈变化，使混凝土内部的温度 – 收缩应力剧烈变化，从而导致混凝土浇筑体或构件发生裂缝。因此，如何防止大体积混凝土施工中出现有害裂缝是大体积混凝土施工中的关键技术问题和大体积混凝土质量控制的重点。除了原材料、配合比、施工工艺等影响大体积混凝土质量问题的因素外，混凝土浇筑完成后的养护对大体积混凝土质量影响较大。解决此问题的有效方法是混凝土浇筑后，根据外界环境温度和大体积混凝土内部温度变化情况，发现混凝土里表温差大于 25℃时（重要结构 20℃）要采取有效措施，如覆盖保温、覆盖保湿等。监测养护温度的方法通常有两种：一是人工监测，项目部派专人检测混凝土表面温度与结构中心温度，此方法检测所处环境复杂险恶，受人工检测干扰因素较多，测试数据难以评估结构健康状况；二是设备监测，通过智能化监测设备和传感器，全天候24h 实时监测，数据多且准确，受人为因素影响较小，可任意时间生成动态监测曲线。

大体积混凝土质量智能化监测系统（图 5-6）通过在混凝土不同监测点位加装温度传感器和湿度传感器，实时监测混凝土的温度和湿度变化，采集各点位监测的温度数据，上传至系统平台，平台可直观、准确、快捷地显示被测大体积混凝土实时温度，最大限

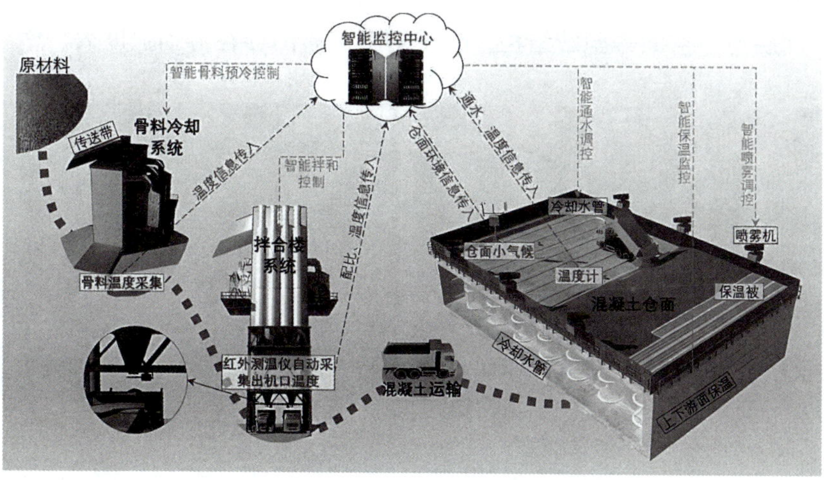

图 5-6　大体积混凝土质量智能化监测系统

度避免温度变化而产生的裂缝，导致混凝土的抗渗、抗裂、抗侵蚀的性能下降，影响结构的耐久性。通过测温系统监测大体积混凝土实时温度，采集温度数据作为智能喷淋启停依据，以智能喷淋系统联动喷淋设备解决混凝土温度过高的养护问题。喷淋控制系统可通过远程平台端、手机端控制，实现自动化喷淋降温控制，减少人员工作量，进行科学有效降温作业。同时，结合大数据分析，可以根据历史数据和实时数据预测混凝土的质量发展趋势，有助于调整施工方案和保证混凝土的质量稳定。

5. 钢结构质量智能化监测

钢结构在建筑工程中扮演着重要角色，很多标志性建筑都是钢结构。钢结构制作精度要求高、节点构造复杂，钢柱、梁、空间网架结构的安装质量决定着钢结构体系的整体施工质量，传统的施工工艺难以适应大型钢结构建筑建造的新要求。近年来，随着BIM技术、机器人以及物联网、人工智能、云计算、大数据等新一代信息技术的发展，钢结构工程施工质量控制朝着智能自动化方向发展。钢结构质量智能化监测是通过施工期间对结构的系统全过程监测，实现生产全要素、全流程、全生命周期管理的资源科学配置，开展从原材料、零部件加工、焊接、拼装组装、防腐防火等全过程质量控制，保证结构施工质量和耐久性。钢结构质量智能化监测主要是通过安装应力传感器和挠度传感器等设备，使得质量控制朝着数字化、自动化和智能化方向发展，可以实时监测钢结构的焊缝质量、螺栓质量和受力、变形情况。一旦发现钢结构存在超载或者变形异常，系统将及时发出警报，以便采取紧急措施。此外，智能化监测技术还可以对钢结构的腐蚀和损伤进行实时监测，确保钢结构的长期使用安全。智能化监测是未来建筑检测行业的发展趋势，智能化监测简单高效又节省人力，精密仪器提供的数据也比人工采集的数据更加科学，而且能全天候持续监测，实时监控钢结构工程施工质量（图5-7）。

6. 隐蔽结构智能化监测

在建筑施工过程中，一些隐蔽结构的检查和监测十分困难，比如建筑结构内部钢筋、管道系统、深层地下空间等隐蔽结构。传统的人工监测存在劳动强度大、施工效率低、

（a）　　　　　　　　　　　　　　　　　（b）

图 5-7　钢结构质量智能化监测

（a）钢结构传感器测量；（b）工业焊接机器人

数据分析不及时等问题。智能化监测技术可以通过红外传感器、超声波传感器、钻孔成像仪等设备，实时监测隐蔽结构的温度、声波和振动等变化，帮助技术人员及时发现潜在问题，可以大大提高隐蔽结构的质量控制水平。深层地下隐蔽结构探测机器人可以针对隐蔽工程常见的长距离、大体量、入地深、精度低、周边环境复杂等特点，实现桩基、地下连续墙、重大管线等深层地下隐蔽结构安全的自动化监测。

随着科学技术的不断进步，通过智能化技术手段和科学的方法，智能化施工质量管理水平将得到更大的提升，将会实现工程建设高效益、高质量、低消耗、低排放，提升智能建造水平，增强建筑业可持续发展能力。

5.2.2 智能化监测技术在建筑工程安全管理中的应用

1. 安全与文明工地智能化监测管理

1）噪声环境智能化监测管理

噪声环境监测系统是一种用于收集和分析环境噪声数据的高精度、高效率的监测系统，系统涉及的主要原理包括声学、计算机和数据处理技术。它由声学传感器、数据采集器、数据处理器和显示器等部分组成。声学传感器用于测量环境噪声，将声压信号转化为电压信号，再通过数据采集器收集到数据处理器上。数据处理器处理这些信息并通过显示器输出结果。监测系统可以实时地采集和处理噪声数据，并将其转化为数字信号进行存储和处理。

噪声环境监测系统能够准确测量噪声级（声压级）、噪声频率、时间等参数，通过分析这些参数及其变化规律，可以评估环境噪声水平，并为环境保护部门提供科学依据。监测系统能够以图形和曲线的形式实时显示噪声水平、频率和时长等数据，在施工现场显示屏上可以实时显示噪声的分贝值（图 5-8），并能够将数据传输到计算机或云端进行存储和分析，方便对环境噪声进行长期监测。监测系统能够根据预设的噪声水平阈值发出声光报警，警示环境

图 5-8 环境噪声智能化监测

噪声超标状况，并可以进行远程控制操作，上报实时数据并实时响应。

在工程施工现场，可以通过布置噪声传感器和显示屏，实时监测工地现场施工对周围环境噪声的影响情况。依据《建筑施工场界环境噪声排放标准》GB 12523—2011 的有关规定（表 5-1），当建筑施工场界环境噪声超过排放限值时，系统会发出警报，提醒工地管理人员采取控制措施，减少噪声对周边居民的影响。

2）扬尘智能化监测管理

扬尘监测系统是基于人工智能和物联网技术，对传感器监测的数据（PM2.5、PM10、噪声、风速、风向、风力、大气压力、空气温湿度、总悬浮微粒等）进行实时采集传输，

建筑施工场界环境噪声排放限值　　单位 dB（A）　　表 5-1	
昼间	夜间
70	55

注："昼间"是指 6：00 至 22：00 之间的时段；"夜间"是指 22：00 至次日 6：00 之间的时段；夜间噪声最大声级超过限值的幅度不得高于 15 dB（A）。

将数据实时展示在施工现场 LED 屏、平台 PC 端及移动端，便于管理者远程实时监管现场环境数据并能及时做出决策。扬尘监测系统包括硬件产品及软件配置两部分，硬件产品是指扬尘检测仪，可以对环境数据进行采集并实时上报到软件配置上，软件配置是指扬尘监测远程在线实时可视化平台，可以供项目部、企业和政府有关部门对施工现场环境数据进行 24h 实时监控。

扬尘监测系统是一种模块化设计，可对各种扬尘监控区和声环境功能区的连续自动监测，可以实现工地环境参数的监测、展示、数据上传、视频叠加功能，连接政府监测平台，从而实现工地环境参数的 24h 监管。其中扬尘监测单元由 PM2.5 传感器、PM10 传感器组成。通过传感器对扬尘进行连续自动监测，定时采集数据，并实时上传至服务器供后台统计和分析。

扬尘监测系统具有多参数高集成、安装方便等特点。在施工现场设置扬尘传感器，实时监测扬尘情况。一旦施工现场扬尘超标，系统会及时发出警报，并指导施工方采取有效的扬尘治理措施，保护周围环境和空气质量。现在很多监测系统已经实现环境噪声和扬尘智能化监测（图 5-9）。

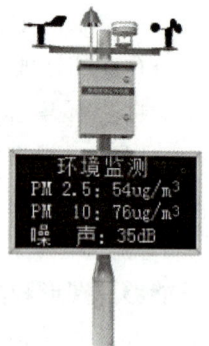

图 5-9　扬尘智能化监测

3）烟雾火灾智能化监测管理

施工现场防火一直是施工安全管理的重点内容，火灾是施工现场最常见的严重安全事故之一，如果防范不足，会对人身和财产的安全构成严重威胁。如 2010 年 11 月 15 日 14 时，上海静安区一幢 28 层教师公寓大楼外墙保温施工起火导致 58 人遇难、40 多人失踪、70 余人受伤的惨痛教训告诉我们，施工现场的防火问题是安全管理的重中之重。

传统的施工现场防火安全管理主要是通过人力巡视值班方式，而施工现场火灾的发生具有偶然性和突发性的特点，采用人力巡视值班不仅付出很多财力、物力，而且受人为因素影响较大，效果并不好。传统的视频监控系统不能达到及时主动报警的目的，也受值班人员责任心的影响。烟雾火灾传感监测系统克服传统烟雾火灾管理缺陷，属于智慧消防的重要内容，综合运用物联网、云计算、大数据、移动互联网、视觉技术等新兴信息技术，通过深度学习技术和智能视频分析技术，对施工现场自动发现浓烟和烟火迹象，立即抓拍第一时间进行预警报警并进行存档同步违规异常烟火信息，及时推送后台监控安全人员，第一时间进行火情处理，避免发生更大的损失。烟雾火灾传感监测系统具备行为识别、视频监控、睡岗离岗监管、抽烟打电话、侵入检测、工服穿戴识别检测等各种功能,可以减少因人为因素造成的严重后果,提升对施工现场异常烟火浓烟情况的识别率并同步降低人工成本。通过火灾传感器监测施工现场的温度和烟雾情况,一旦发现火灾迹象,系统会自动触发报警装置,以便及时处置火情,如果火情严重会同步发送报警信息至消防部门,完成对施工现场火灾火情立体式安全防范(图 5-10)。

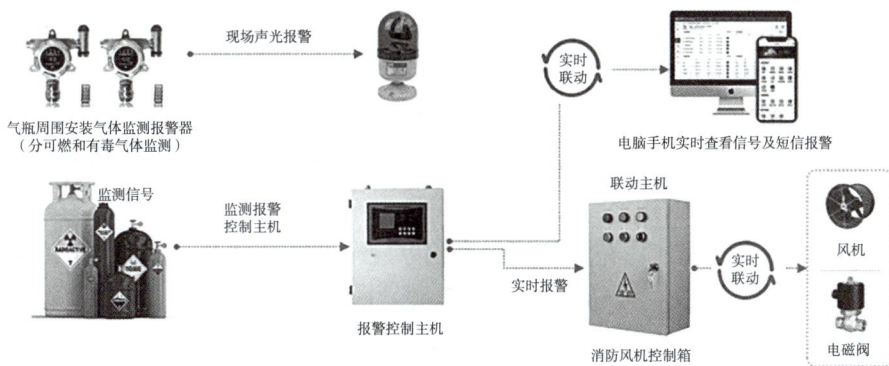

图 5-10　烟雾火灾智能化监测

4)智能安全帽

传统的安全帽仅具备提防突然飞来物体对头部的打击,提防从 2~3m 以上高处坠落时头部受伤害,提防头部遭电击等单一的保护施工人员头部安全的功能。智能安全帽是一款佩戴在头部的智能移动作业终端,除了具备防摔、防砸、防撞这些基本功能外,运用了移动互联网、物联网、感知传感器、高清防抖摄像头、人工智能等技术,具备语音操控、实时视频、拍照、录像、录音、实时对讲、定位、电子围栏、安全防护预警、按键呼叫救援、人脸识别、视频行为分析等综合功能(图 5-11)。新型的智能安全帽还具有近电感应、有害气体检测、监测身体状况等安全防范功能。

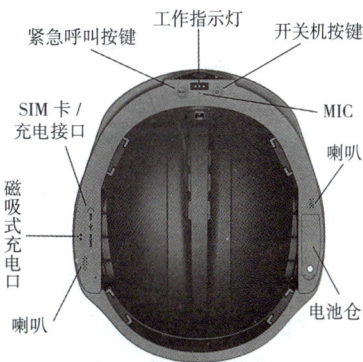

图 5-11　智能安全帽

智能安全帽广泛应用于各类安全控制标准高的建设工程项目施工过程中的人员安全管理中,对工程项目现场安全管理效率提高和管理水平提升具有重要作用。

2. 深基坑施工安全智能化监测管理

近年来,随着我国经济社会高速发展,高层建筑呈现爆发式增长,由于高层建筑的大规模发展,深基坑工程的施工成为工程中事故最为频繁,也是事故造成的损失最为严重的分项工程之一,住房和城乡建设部《危险性较大的分部分项工程安全管理办法》规定:深基坑工程指开挖深度超过 5m(含 5m)或地下室三层以上(含三层),或深度虽未超过 5m,但地质条件和周围环境及地下管线特别复杂的基坑土方开挖、支护、降水工程。

深基坑工程具有施工风险高、施工难度大等特点。尤其是深基坑施工工期长，受地质条件和周边影响等不确定因素多，极易造成基坑坍塌和周边房屋、管线及道路不均匀沉降等质量安全事故。深基坑工程质量安全问题类型很多，成因也较为复杂。比如，在水土压力作用下，支护结构可能发生破坏，支护结构形式不同，破坏形式也有差异。比如：渗流问题可能会引起流土、流砂、突涌等问题，造成基坑坍塌破坏。围护结构设计不合理，在施工过程中变形过大及地下水流失，引起周围建筑物及地下管线破坏也可能发生。深基坑工程事故形式可分为三类，即基坑周边环境破坏、支护体系破坏、土体渗透破坏。例如，2018年1月14日，南京江宁龙湖地产春江郦城项目在建工地突然发生坍塌事故，坍塌范围长40m、宽15m，坍塌危及周边居民楼，一百多户居民被安置到附近的宾馆居住了近半年；2019年6月8日，广西南宁绿地中央广场项目约21m深的基坑突然崩塌，事故原因是施工单位未按图纸和国家规范和标准施工，危险性较大的工程未进行专家论证提前施工，存在超挖基坑问题；2021年6月15日，位于南京高新区的南京银行科教创新园二期项目基坑发生局部坍塌事故，造成事故的直接原因是基坑开挖面积较大，基坑深度不一致，场地工程地质条件复杂，岩面倾向坑内且倾角较大，对基坑临空面的稳定性产生不利影响。基坑支护体系的实际承载能力不能满足基坑安全性要求，事故部位桩锚体系失效而导致坍塌。造成事故的间接原因是该工程的岩土勘察不够全面、准确。

基坑监测是基坑工程施工中的一个重要环节，主要监测地下水位、地表沉降、支护结构变形、周边建筑物及地表变化，并就其变化情况进行及时综合分析，根据分析结果，设计人员可及时优化原设计以达到安全且经济的最终目的，施工单位可掌握工程的安全性，并可针对施工过程中可能发生的风险加以改进。传统基坑工程监测大多采用人工测量的方法，存在数据实时性、连续性差，人工监测误差大，风险高，事后分析，无法及时预警等缺点。而采用智能化监测技术，能实现自动且实时地采集、传输、计算、报警，更好地进行风险防范，保障安全，实现自动化监测数据的上传、预警和管理。

深基坑施工安全智能化监测是通过土压力盒、锚杆应力计、孔隙水压计等智能化传感设备，实时监测在基坑开挖阶段、支护施工阶段、地下结构施工过程中，对自身及周边相邻建筑物、附属设施的安全稳定情况，对现场监测数据采集、复核、汇总、整理、分析。相关监测数据传送到数字化云平台，并对警戒数据进行报警，将监测结果及时反馈，预测进一步施工后将导致的变形及稳定状态的发展，根据预测判定施工对周围环境造成影响的程度，进行安全方案设计与施工决策，在深基坑施工安全管理中起到重要作用。

1）地下水位智能化监测

孔隙水压计是一种用于测量孔隙水压力或渗透压力的传感器，广泛应用于各种场景的工程项目地下水位监测。通过孔隙水压计监测基坑周围地下水位的变化，及时掌握地下水的水位和涌水情况，为排水设计和施工提供依据。新型的地下水监测系统运用物联网、移动互联网技术，以平面布置图、BIM模型为信息载体，通过前端孔隙水压力或渗透压力的传感器全时、全天候监测地下水位、沉降、支撑轴力、立柱内力、深层土体位移、土压力等，实时传输至云端分析，及时预警危险态势，辅助基坑安全管理，预防生产安全事故。可以实现 24h 不间断监测，及时动态展示数据变化轨迹，远程数据无线传输，减少人力检查成本，异常告警提醒，及早排查基坑安全隐患，预防事故发生（图 5-12）。

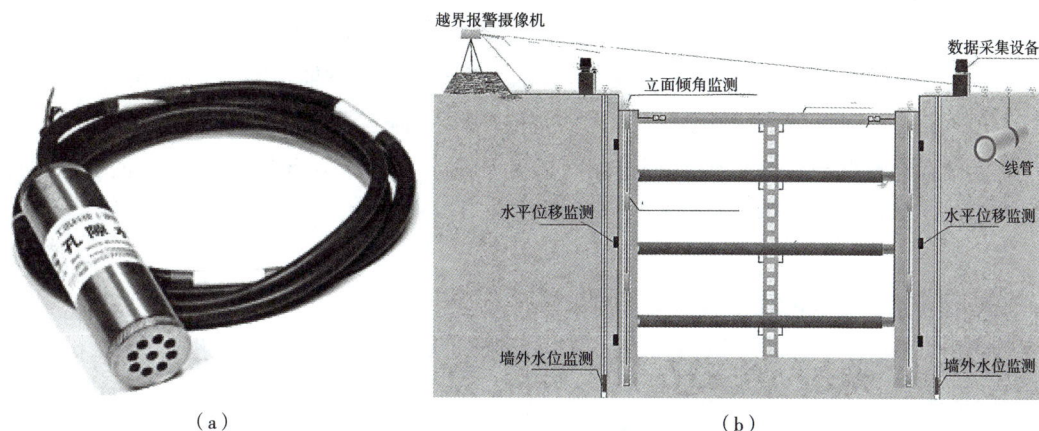

图 5-12　深基坑地下水位智能化监测
（a）孔隙水压计；（b）监测系统工作原理

2）地表沉降智能化监测

地表沉降监测是指对地面沉降现象进行实时检测、监测和评估的技术手段。现代工程结构复杂，形态造型各异，基础埋置深，荷载分布不均衡等客观因素存在，再加上建筑物基础的地质构造不均匀、土壤的物理性质不同、地基的塑性变形、地下水位季节性和周期性的变化、土方的大量开挖和回填等综合因素，使得建筑物不均匀沉降问题突出，严重影响建筑物结构的安全。在施工过程中一定要对各项沉降参数进行实时观测，传统的地表沉降观测方式是以水准点为基准，通过水准仪对建筑不同部位进行定期或不定期观测，这种方式受到人为因素影响较大，且观测数据需要统计分析，时间周期较长，不利于及时采取措施进行处理。

新型地表沉降智能化监测采用布置地表沉降传感器、静力水准仪、倾角传感器、测斜仪等自动化监测设备，并利用成像测量技术和激光雷达技术等。成像测量技术主要是通过一系列相机的成像优化算法实现高精度的三维测量，并能够实现对地表沉降的不间断监测。激光雷达技术则主要是通过发射激光束，利用光的散射和反射原理实现地表沉降的精准测量；可以根据工程建设需要，实现 24h 在线监测基坑周边地表沉降情况，当变形数值达到设定限值，系统可自动预警，有助于预测基坑施工对周围地表的影响，并采取相应的补偿措施。

3）基坑支护结构智能化监测

基坑施工风险高、难度大，随着基坑施工越来越深，坍塌事故时有发生，教训深刻。

基坑支护施工过程中，应根据不同的地质环境选用合适的支护方式，包括钢支撑、混凝土支撑等。基坑支护监测是基坑施工过程中必不可少的环节之一，大型基坑建设面临许多诸如土体稳定性、支撑结构、地下水流等影响工程安全施工的风险因素，基坑支护结构智能化监测可以及时检测基坑施工过程中可能存在的安全风险并进行预警。

传统的基坑工程监测主要采用人工现场检测，存在繁琐、工作量大、反应不及时等缺点，而基坑支护智能化监测在基坑施工过程中具有数据量大、准确性高、响应快、方便使用等优点。传感器是基坑支护智能化监测的重要组成部分，通过应变传感器和位移传感器监测基坑支护结构的变形和受力情况，使得基坑支护监测更加智能化、全面化、精确化，实现了对基坑施工全过程的自动化监测和控制。通过数据采集和处理，可以把基坑支护监测数据与建筑监测数据进行有效地比对和分析，对超限数据实时预警，确保基坑支护结构的稳定性和安全性，避免人员伤亡及财产损失。

3. 脚手架安全智能化监测

脚手架是施工现场常用的临时性结构，是保证各施工过程顺利而搭设的工作平台；按照搭设的位置可以分为外脚手架、内脚手架；按照材料可以分为木脚手架、竹脚手架、钢管脚手架；按照构造形式可以分为立杆式脚手架、桥式脚手架、门式脚手架、悬挑式脚手架、爬式脚手架等。脚手架安全问题是施工过程中安全管理的重点，因脚手架整体或局部失稳造成的倾覆、坍塌以及脚手架搭拆过程中发生高处坠落而造成的严重伤亡事故时有发生，导致的后果非常严重。而出现事故的原因，多为搭设过程和使用当中搭设不合理，使用过程中出现人为的破坏、材质的磨损等因素。例如，2019 年 12 月 19 日，南通某公司厂房内突发安全事故，导致事故发生的直接原因是脚手架上堆放砌块过多、严重超载，连墙件严重缺少，违规在脚手架上架设电动提升机，加之施工顺序不当。间接原因是设计施工总承包单位对施工单位存在问题督促不力。施工总承包单位违法将项目主体工程分包，项目备案技术负责人、安全员长期未到岗履职，分包单位项目经理长期未到岗履职。2022 年 9 月 25 日，山东日照莒县发生脚手架坍塌事故，造成 5 人死亡、2 人受伤。造成此次事故的直接原因是脚手架搭设存在结构性缺陷，施工荷载过大，致使架体超过极限承载力而失稳整体坍塌。脚手架搭设使用的钢管壁厚低于标准，外径不合格率达到 33%，壁厚不合格率达到 75%。事故间接原因是施工单位存在违规承揽工程，投标时使用其子公司的建筑业企业资质证书承揽工程项目，中标后以母公司名义与建设单位签订施工总承包合同，投标文件中配备的项目部管理人员未实际到岗，施工合同签订后授权委托的项目部经理未取得相应执业资格等多个问题。此外，建设单位存在项目发包管理混乱，项目未批先建，擅自开工建设等多个问题。

脚手架自动化监测系统是一种基于物联网技术的自动化系统，用于对脚手架施工过程中的安全和质量进行实时监测和控制。脚手架自动化实时监测预警系统一般由传感器、控制器、数据采集器和云平台等组成，通过数据采集和云计算技术，实现对脚手架施工过程中的各种参数进行实时监测和分析，监测内容包括模板支架水平位移、立杆轴力、竖向位移、立杆倾斜、基础沉降，进行超限预警和危险报警，以保证施工安全（图 5-13）。

4. 塔式起重机和施工升降机安全智能化监测管理

塔式起重机和施工升降机是高空施工中最常用的设备，安全监控管理尤为重要。

1）塔式起重机安全智能化监测管理

塔式起重机（简称塔吊），用来吊起施工用的钢筋、木楞、钢管等建筑材料。塔吊使用周期长，存在安全隐患多，主要表现在违规操作、限位装置破坏、超载、超重、疲劳、多塔作业碰撞等安全问题。传统的塔吊监测方式主要依靠人工巡检和传感器监测，存在效率低、成本高、数据准确度不高等问题。由于塔吊倒塌事故导致的后果严重，塔吊作为特种设备，一直都是工地安全管理的重点。例如，2015 年 9 月 11 日，位于沙特阿拉伯麦加的麦加大清真寺发生一起巨大塔吊突然倒塌事故，塔吊倒向清真寺，砸穿屋顶。当时寺内有大规模人群做着礼拜，事故导致至少 107 人死亡、238 人受伤。事故调查表明，事故系违规操作所致，施工企业未按照相关规定进行操作，特别是在强风条件下没有将不使用的主吊臂收起，也没有采取其他任何安全防范措施。

塔吊安全智能化监测通过安装在塔吊上的倾斜传感器、载重传感器等设备无线传感器和塔机监控设备，实时监测塔吊的倾斜角度和承载能力，防止塔吊倾覆和超载。通过在大臂前端和吊钩位置安装高速球，与各传感器的连接实现球机自动追踪吊钩，将作业现场的视频实时传输到司机室的操作屏幕上，塔吊司机通过显示器实时视频无死角监控吊运范围，减少盲吊所引发的事故，对地面指挥进行有效补充。利用无线传感网络进行实时数据采集和处理，全过程智能化云数据管理，实现高效率的塔机运行，当塔吊作业出现危险情况时系统会第一时间警报，并且具备群塔防碰撞功能，能有效地防止工地塔机的碰撞，预防和减少机群协同作业中碰撞，实时将塔机运行过程数据传输并留存至监控平台，便于管理人员及时发现问题，并制止危险情况的发生（图 5-14）。

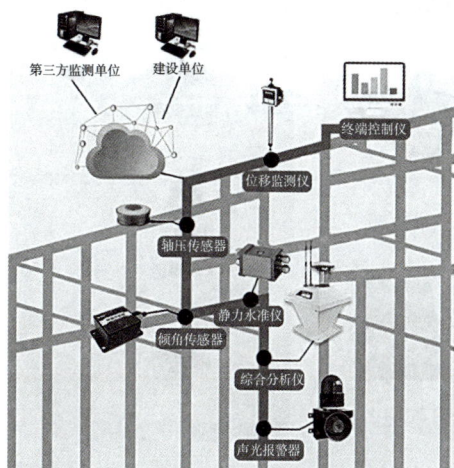

图 5-13　脚手架自动化监测系统示意图

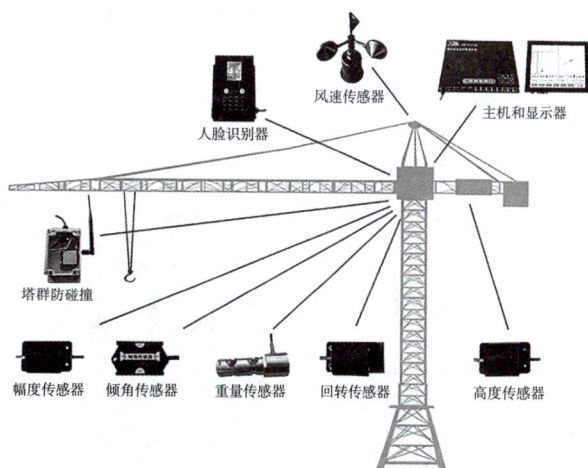

图 5-14　塔吊安全智能化监测系统示意图

2）施工升降机安全智能化监测管理

我国高层、超高层建筑施工日益增多，作为建筑物料与人员垂直运输的施工升降机使用也越来越频繁，但施工升降机事故时有发生，造成后果非常严重。例如，2012年9月13日13时26分，湖北省武汉市"东湖景园"在建住宅发生载人电梯从33层坠落事故，造成19人遇难；2019年4月25日，河北衡水市翡翠华庭工地发生一起施工升降机折断事故，造成11人死亡、2人受伤。这些惨痛的施工升降机安全事故调查报告表明，施工升降机在使用过程中存在安装质量不高，检验不到位，操作人员无证施工，司机因故离开驾驶室，未关闭电源，运料人员擅自驾驶，超载使用，不按设计要求装配对重等各种可能导致安全事故的隐患。施工升降机安全问题是施工安全管理的一项重要内容。

《施工升降机安全监控系统》GB/T 37537—2019专门对施工升降机安全监控系统的技术要求、试验方法、检验规则、安装、调试与维护做了规定。施工升降机安全智能化监控管理系统是实时全方位监测升降机运行工况的智能控制系统，具有升降机电机监控、重量监控、楼层呼叫、层门监测、远程调试、人数识别、安全帽识别、障碍物AI识别、远程对讲、确认升降机作业人员身份有效性等功能，将施工升降机实时运行工况数据传输并留存至监控云平台，并同步存储到升降机黑匣子，实现数据可溯可查，安全可看可防，同时将AI行为分析与传统传感器识别相结合，对安全隐患进行有效防护，对潜在危险源能及时发出警报信号和输出控制信号，确保升降机安全运行，使安全监控更加精准更加人性化，便于管理（图5-15）。

图5-15 施工升降机安全智能化监测系统示意图

塔吊和施工升降机安全智能化监测管理系统的介入，实现了施工机械使用安全管理由人防到技防的转变，由事后被动监管向事前主动监管转变，由静态监管向实时动态监管转变，不仅提高了机械运行的效率，更是有效降低了安全事故发生的概率，具有很好的经济效益和社会效益。

5. 高大模板安全智能化监测管理

大型复杂工程项目高大模板的应用越来越普遍，支模体系越来越复杂，带来的施工过程中的安全风险也越来越高。高大模板坍塌事故时有发生，极易造成群死群伤，造成的人员伤亡和财产损失严重，教训深刻。高大模板事故发生时间普遍很短，从出现危险征兆到事故发生通常只有数分钟甚至更短的时间，具有突然性。加上高支模板本身具有的高空间、大跨度等特点，导致高支模安全事故一旦发生，往往造成重大人员伤亡和巨大的经济损失。近年来，高大模板系统坍塌事故频繁发生，严重威胁施工安全，并受到社会各界广泛关注。

例如，2020 年 1 月 5 日，武汉巴登城生态休闲旅游开发项目一期工程发生一起较大坍塌事故，造成 6 人死亡、6 人受伤。事故调查报告查明的事故直接原因是高大模板支撑体系架体未按照施工方案要求进行搭设，高大模板支撑体系在搭设完毕后未按要求进行验收。混凝土浇筑时，违反专项施工方案中采用对称浇筑的要求，导致梁支架稳定性不满足设计承载要求。高大模板支撑体系架体材料（钢管、扣件、可调顶托）部分材料不合格，导致架体承载力及稳定性低于专项方案的设计预期。事故间接原因是施工单位未严格审核劳务公司相关建设施工劳务作业资质，把劳务工程发包给不具备安全生产条件的劳务单位，未严格按照方案要求进行高大模板支撑体系搭设，在强度未达到要求的情况下即开始上部梁板的混凝土浇筑。未检测高大模板支撑体系架体部分钢管、扣件、可调顶托等不合格材料。盲目组织现场施工，在总监理工程师未签署浇筑令的情况下违规组织浇筑施工作业。项目安全员未取得相关安全管理资格。项目劳务单位未取得建设施工劳务作业资质及安全生产许可证书，不具备承揽建设施工劳务工程的资格。将劳务工程转包给个人劳务队伍，存在违法转包行为。未配备专职或者兼职的安全生产管理人员，无相关安全教育培训和安全检查工作台账等。监理单位项目监理人员未经监理业务培训，安全监理工作能力不足。现场安全监理和巡查检查缺位，事故当天无监理人员在岗。未及时发现和制止现场违规浇筑施工行为，未有效实施危险性较大的分部分项工程旁站监理等。建设主管部门和建筑施工企业的安全管理工作已将高大模板作为重大危险源进行识别和控制。2023 年 11 月 24 日 22 时许，山西临汾市安泽县的山西永鑫通海铁路物流有限责任公司施工现场发生一起浇筑通廊混凝土过程中，28.5m 超高支模架坍塌脱落，导致 6 名工人和 1 名混凝土泵车指挥人员被混凝土掩埋，7 人全部遇难的悲惨事故。

高大模板安全事故主要是由于高大模板在荷载作用下产生过大变形或过大位移，诱发系统内钢构件失效或者诱发系统局部或整体失去稳定，从而发生局部坍塌或整体倾覆，造成施工作业人员伤亡。高大模板支撑体系坍塌破坏的模式主要有 6 种：

（1）支架顶部失稳造成的整体（局部）坍塌破坏；

（2）支架底部失稳造成的整体（局部）坍塌破坏；

（3）支架中部失稳造成的整体（局部）坍塌破坏；

（4）支架架体破坏造成的整体（局部）垮塌破坏；

（5）支架过大沉降变形造成的整体（局部）垮塌破坏；

（6）支架过大沉降变形造成的整体倾覆垮塌破坏。

高大模板安全监测系统主要功能是对高大模板支撑系统的模板沉降、支架变形和立杆轴力的实时监测，可以实现实时监测、超限预警、危险报警、趋势预测的监测目标。除了能感知高支模外围情况，智能传感器的使用可方便监测支模体系的变化曲线，实时监测警报，排除影响安全的不利因素，如有安全隐患时提前发出预警，提醒现场作业人员停止施工，迅速撤离，并通过管理平台云通知现场项目负责人、项目总监和安全监督管理人员（图5-16）。

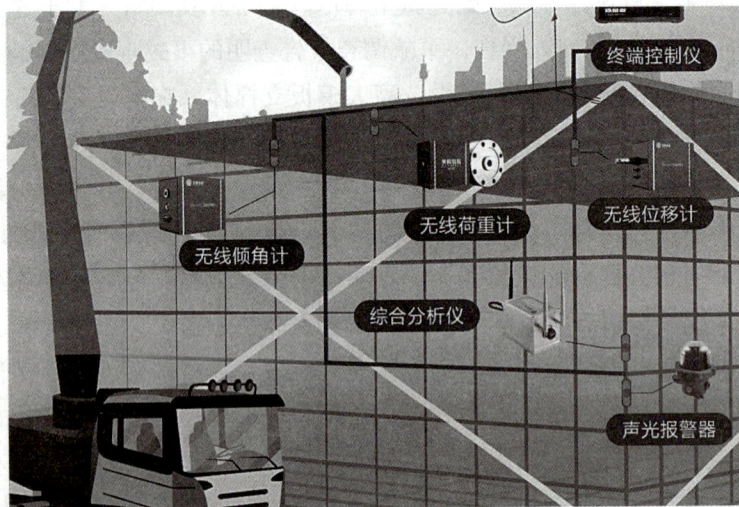

图 5-16　高大模板安全监测系统示意图

6. 施工现场人员安全智能化监测管理

造成施工安全事故的原因有很多，主要有人的不安全行为、物的不安全状态、工作环境因素、管理上的缺陷等。有关统计表明，80%以上的安全事故是人的因素造成的。人的因素中，安全意识薄弱因素占到90%，而安全技术水平所占比例不到10%。常见的人为因素有安全意识不强、麻痹思想、侥幸、马虎草率行为、过错、违规违章操作、有章不循、安全培训不到位和胡作乱为多种。传统的施工现场安全管理主要是通过各参与方的项目经理、技术负责人、安全负责人、安全员、工长等现场管理人员通过安全教育和检查、巡查等方法开展，这种方式有很大的缺陷，受人为因素影响太大，不能达到实时的全过程监督预警的目的。

施工现场人员安全智能化监测管理可以定位工地各类人员，通过对总包、分包、劳务人员、管理人员、临时人员等各类人员进行信息采集，并对采集的信息进行台账管理。采用智能人脸识别技术或身份证刷卡等方式，对施工现场的人员进行进出管理，确保只有合法授权人员进入工地，避免未授权人员进入施工区域造成安全隐患。通过佩戴智能化定位设备，对施工现场人员的位置进行监测，实时显示现场所有人员的位置及各工种人员的数量、各区域人员的数量。利用智能化监控摄像头和图像识别技术，监测施工现场人员的行为举止，及时发现违规操作或不安全行为，并进行预警和纠正。通过在重要区域设置电子围栏，对电子围栏内人数进行自定义设置，一旦人员超出或少于规定人数，可以实现"越界预警、滞留预警、区域超员或缺员预警"，保障重要区域安全施工，提升安全防护能力。当人员长时间静止不动（后台可设置静止时长），可立即进行"长时间静止"告警，防止施工人员晕倒、睡着等情况发生；人员遭遇险情时，使用定位终端进行一键呼救，系统可接收到该人员的详细位置分布，对其第一时间展开救援工作。施工现场人员发生异常时，系统发出声光报警，视频联动，监控室人员快速了解现场状况及异常点周边人员分布，通过对讲机、应急广播迅速指挥人员撤离或采取救援措施。现场人员在发生险情的第一时间，还能按压胸牌上的一键 SOS 求救，定位系统显示人员所处位置，双重保险，让施工现场人员更安全。

由于施工现场人员是安全事故的直接利益相关者，施工现场人员安全智能化监测管理越来越重视建筑工人的行为，越来越重视工人个人特点对施工安全的影响。智能建造安全教育培训不再进行"纸上谈兵"说教模式，运用虚拟现实（VR）、物联网等技术为代表的沉浸式互交体验，将各种安全隐患、违章作业、事故回溯等呈现或再现，让现场施工人员通过参与式、互动式方式，模拟或真实的环境中亲身感受体验违章作业导致的事故后果以及带来的伤害情形，从感性上加深对安全重要性的认识，能够有效解决建筑工人安全意识教育不到位的问题，降低事故发生概率，切实提高施工现场安全管理水平（图 5-17）。

图 5-17　施工现场工人安全培训和感知体验

（a）施工安全教育体验馆；（b）VR 沉浸式互交体验

5.3 智能化施工项目质量安全管理案例分析

5.3.1 智能化施工项目质量管理案例

凤桐花园项目智能化施工质量管理：凤桐花园项目位于广东省佛山市顺德机器人谷，总用地面积 41 966m²，总建筑面积 137 617m²，共有 8 栋 17F~32F 高层建筑，最大建筑高度 98.35m（图 5-18）。该项目是住房和城乡建设部首批智能建造试点项目，BIM 技术、数字化、信息化等智慧工地场景全面在工程项目中运用，同时还有几十款各种功能的建筑机器人应用于工程施工中。新型装配式墙板、门窗等建筑工业化产品，既提高了工程质量，也大幅降低施工现场建筑垃圾和材料损耗。

项目施工过程中使用测量机器人成功实现项目实体自动化实测，无人机等智能化测量技术全程应用。智能化测量技术主要是通过模拟人工测量规则，使用虚拟靠尺、角尺、AI 测量算法、多场景智能识别等完成建筑物实测实量，具备全自动测量、高精度成像、智能报表生成、多维度分析等功能，测量结果较人工更客观和准确。测量机器人主要应用于混凝土结构、墙板、抹灰、土建装修移交、分户验收等阶段与环节，特别适用于测量墙面平整度、垂直度、阴阳角、天花板平整度、地面平整度、开间进深与极差等测量项目。建筑工程实测实量既是工程质量验收的主控环节，也是实现精细化管理、提升工程品质的重要手段，过去主要依赖人工操作。本工程的实测实量机器人实现各分项工程实测实量需求，包括混凝土结构、砌体结构、抹灰工程、地面工程、轻质隔墙工程、饰面板（砖）墙工程的外观质量检测等，有效解决了人工实测实量作业繁琐、耗时耗工的问题，相对传统施工综合成本可节省约 50%（图 5-19）。

项目施工中利用 BIM 放样机器人进行放样，BIM 放样机器人是直接使用 BIM 模型结合高精度的自动测量仪器在施工现场同时进行多专业三维空间放线的技术。放样机器人

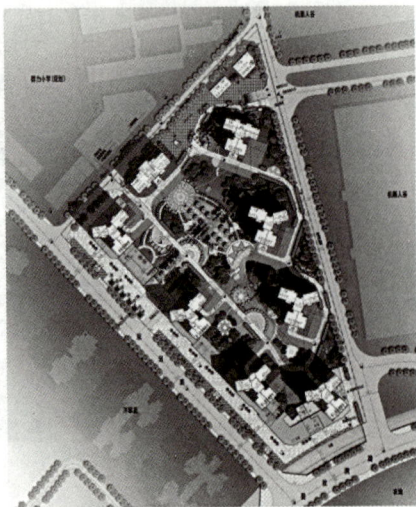

图 5-18 凤桐花园项目效果图

图 5-19 测量机器人应用

硬件系统包括全站仪主机、外业平板电脑、三脚架、全反射棱镜及棱镜杆等。放样机器人可以直接从 BIM 模型读取数据坐标信息，利用手部电脑与轻量化模型管理软件相结合，将采集的数据信息实时传输到系统，实现无纸化办公。全过程只需要一个人操作，在二次结构放线、套管直埋定位复核等方面发挥重要的作用（图 5-20）。

图 5-20　BIM 放样机器人

混凝土工程施工过程中，使用了智能随动式布料机、地面抹平机器人、智能振捣机器人、智能养护机器人等。比如在项目底板浇筑环节，地面抹平机器人参与施工，并在混凝土初凝阶段进行提浆、收面和控制标高。原本需工人手扶设备进出操作平面作业，容易留下脚印，还要针对留下的脚印反复抹平，增加了工序。采用机器人，工人则无需进入操作平面，可以通过遥控让机器人激光锁定、自动标高、规划路径、完成混凝土浇筑，整个过程自动运作，一气呵成，工作效率大大提高，每天可施工约 3500m²，是人工的 3.5 倍左右。在人机配合下，初凝平整度达 ±5mm，水平度合格率稳定在 95% 以上，大部分工作面一次成型（图 5-21）。

（a）　　　　　　　　　　（b）　　　　　　　　　　（c）

图 5-21　混凝土施工机器人应用

（a）液压布料机遥控浇筑；（b）整平机器人；（c）抹光机器人

在装饰工程施工阶段，内墙面采用打磨机器人，抹灰采用自动墙面抹灰机器人，实现了砂浆自输送泵送至楼层、喷涂上墙至抹面成型的人机融合作业，与传统抹灰人工运输及抹面方式相比，综合人均单日完成量可达 200m² 以上，是传统人工效率的 4~5 倍。外墙喷涂采用附着爬升式外墙喷涂机器人，具备超速限制、超载监测、应急释放、姿态监测、风速监测、障停等安全功能。通过姿态稳定性控制、喷涂压力监测、涂料流量自适应控制等技术，提升喷涂过程的稳定性，保障机器人的施工质量，喷涂效率达到了传统人工的 3~5 倍。

此外，在装饰阶段除了抹灰和外墙喷涂外，室内施工也采用了喷涂机器人、腻子涂敷打磨机器人和墙纸铺贴机器人等，实现了装饰智能化施工一体施工（图 5-22）。

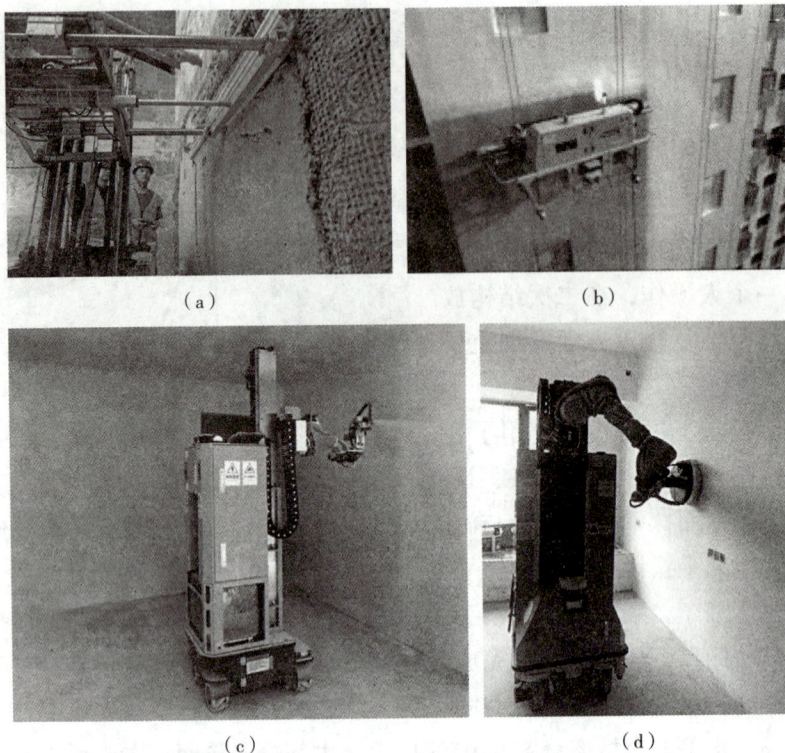

（a）

（b）

（c）

（d）

图 5-22　装饰施工机器人应用

（a）墙面抹灰机器人；（b）外墙面喷涂机器人；（c）内墙面喷涂机器人；（d）墙面打磨机器人

　　针对施工现场建筑余料和建筑垃圾，采用流动制砖车把工地上有用的砂、石头、混凝土等建筑余料现场再加工，转化为符合要求的混凝土制品，应用于园林步道的地砖等部位，实现建筑废弃物减量化、资源化、无害化一站式解决方案，节省建筑垃圾和废料的清运费、减少粉尘污染和运输排放，实现节材减碳和绿色建造。凤桐花园项目流动制砖车累计消纳建筑垃圾 450t，生产路面彩砖超过 20 万块（图 5-23）。

　　施工巡检机器人具有自主巡检、自主导航、自主避障的功能。它可以对施工现场的温度、湿度、有害气体等环境进行监测，通过无线局域网将数据上传监控后台，进行分析判断、预警；还可以对施工现场不安全行为、火焰、烟雾等因素进行识别；通过搭载的三维激光雷达和高清摄像机对施工现场进行三维重建，实时掌握施工进度（图 5-24）。

　　本工程项目把智能化、数字化施工技术广泛应用于智慧工地管理，探索了各类功能的建筑机器人在工程测量放线、主体结构、二次结构、室内外装修、室外工程等环节的具体应用，并采用基于 BIM 技术的施工策划、智慧工地管控系统及自动计划排程系统，较好地发挥智能化施工高效率，施工工序配合更紧密等高效作业优势，在提高施工效率、减少用工、减少环境污染、降低工业污染排放及碳排放等方面取得了非常显著的成效。综合测算，该项目施工过程减少了 80% 的现场建筑垃圾和 60% 的材料损耗，节省人工 20%，效率提升 10%，有效提升了工程施工质量管理水平。

图 5-23　流动制砖车

图 5-24　施工巡检机器人

5.3.2　智能化施工项目安全管理案例

石家庄市儿童医院项目智能化施工安全管理：石家庄市儿童医院（市妇幼保健院）项目位于石家庄市桥西区友谊大街与汇丰路交叉口西北部。项目占地约 40 亩，地上 17 层、地下 3 层，总建筑面积 12.8 万 m^2，概算总投资 10.77 亿元，是当时全国建设规模最大、标准最高的市级现代化三级儿童医院、妇幼保健院。2019 年 7 月 15 日，项目正式开工建设，由于项目工期紧、任务重，项目部实行"一线工作法"，科学计划、有序施工，精细化管理，高峰期现场施工工种人数达 2800 人。该项目于 2020 年 5 月 20 日全部建成，历时 305d，有效施工工期仅有 267d，克服了多工种交叉施工、冬期施工和高空作业等施工质量安全管理难题。

该项目结构复杂，工期紧任务重，外形相对复杂，施工作业面狭窄，施工困难，单层面积大，管道错综复杂，周转材料投入大，塔式起重机等专业分包队伍多。这些因素综合使得项目质量安全管理难度大、风险高，特别是为了按期保质交付，施工现场安全管理的科学化、规范化尤为重要。

该项目采用"BIM+ 智慧工地"管理系统对整个项目进项全局管控，实现人员、材料、设备、工序等协调一致，不仅提升了工程质量，而且实现缩短工期 30%，材料费等节省 20%，更重要的是确保整个工程项目施工过程中的安全高效管理，未出现安全生产事故，达到预期的安全目标。

1. 工人安全教育管理

在项目的智慧工地平台上，将所有参建人员包括分包单位等人员信息录入实名制管理模块，除了应用于员工的日常考勤考核外，重点进行员工的安全管理。通过智慧工地平台，开展施工安全技术交底。对在作业过程中违反相关规章制度和违规操作的员工进行处理，切实规范员工作业行为，加强员工施工现场安全管控。在每次对各工种工人进行现场安全教育和安全技术交底时，通过扫描员工人脸，可以实现培训签到并生成安全交底资料，完成员工签名手续。

该项目施工现场利用 VR 技术，将 BIM 模型导入 VR 设备中，对高空作业、用电、物体打击、垂直运输等危险性较大的施工过程进行安全技术交底。VR 体验相比传统场景更加真实，可以现场模拟爬梯、安全带应用、墙体倾倒、高处坠落、平衡木及撞击等场景，工人代表现场体验，体验者也可以进入虚拟环境模拟真实场景下的安全事故和险情，对安全事故体验感更强，激发了工人参加安全教育的兴趣，提高了

图 5-25　施工安全体验

工人的安全防范水平和应对能力，有效解决了工人安全意识薄弱的问题，安全教育培训效果更明显（图 5-25）。

2. 工人违章作业管理

1）远程视频监控

施工现场实现视频监控全覆盖，尤其是工地大门、材料库房、施工区域、宿舍等重点场所，确保视频监控覆盖，安保人员除了监控施工现场视频外，定期检查巡视，督促警告提醒有关作业人员安全规范操作。视频监控数据通过网端传输至智慧工地平台，项目部管理人员可以通过智慧工地后台或登录手机端实时查看施工项目现场情况，及时发现并制止现场违章作业，提高作业安全风险管控能力。

2）未戴安全帽抓拍及报警

安全帽是指对人头部受坠落物及其他特定因素引起的伤害起防护作用的帽子，具有缓冲减振、分散应力和生物力学功能。在工程施工中，进入施工现场必须佩戴安全帽，因为安全帽具有防止高空坠落伤害，防止物体打击伤害，防止电击保护头部免受电击伤害，防止碰撞伤害等作用。在施工现场佩戴安全帽可以有效地保护工人的头部安全，减少头部受伤的风险。为了防止工人未佩戴安全帽或未按要求正确佩戴安全帽，通过在工地的大门出入口和施工现场设置安全帽抓拍告警系统，及时发现未佩戴或未正确佩戴安全帽等违章行为，及时发现并告警安全管理人员，做到及时纠正，减少事故发生对人员伤害的概率。

3）临边洞口声光报警

施工现场的临边洞口如防护不完善，最容易发生高空坠落事故。通过在施工现场的电梯井口、孔洞、高处边缘等高危易坠区除了进行正常的安全防护外，设置声光警报系统，当有施工人员靠近边界时，系统自动感应并发出声光警报，既提醒现场施工人员注意危险，也可以给后台管理人员发送相关信息进行提醒，可以有效降低施工现场高空坠落风险（图 5-26）。

图 5-26　临边洞口
声光报警

3. 安全隐患排查和危险性较大工程安全管理

通过智慧工地平台，项目安全管理人员可以将现场安全隐患和存在的问题拍照上传至系统后台，系统记录已经识别的危险源并把信息报送至相关责任人，相关责任人收到后进行问题整改，安全管理人员对问题或违章等情况全过程审核，并生成整改通知单、考核结果、安全日志等。项目部针对出现的安全隐患，可以进行专题会议落实解决，实现闭环管控，提高安全管理效率。除了针对危险性较大工程专门进行安全方案设计、专家论证和技术交底外，在塔式起重机、升降机、卸料平台、高大模板、爬梯等高危设备附近覆盖监控系统，实时监测高危设备运行状态，实现全程监控记录，出现异常告警并采取应急措施，切实提高高危区域的风险管控能力。塔式起重机依靠 360° 无死角旋转的摄像头，外架、临边、塔式起重机限位都能及时发现，通过智能化监管，有效地弥补了人工检查的不足。

智慧工地安全管理平台充分利用移动互联网、物联网、AI、大数据、BIM、GIS 等新一代信息技术，围绕施工现场安全管理内容和重点工作，融合施工生产的过程，打通数据之间的互联互通，应用数据可视化看板，整体呈现工地各要素的状态和关键数据，建立互联协同、科学管理的施工项目安全管理信息化生态圈。以 "更智慧" 的方法优化 "人、机、料、法、环" 各个环节组织和岗位人员交互方式，既提高工地现场的作业效率、管理效率和决策能力，也实现工地的数字化、精细化、智慧化的安全管理。

本章小结

近年来，绿色低碳发展已是趋势所在，在 "双碳" 战略目标下，能源消耗和碳排放 "大户" 建筑业迎来巨大挑战。劳动力不足、效率低下以及资源浪费等痛点问题亟待解决，建筑行业转型升级迫在眉睫，随着施工现场各项技术手段的不断更新，数据资源的价值不断放大，工程项目数字化管理的转型已经逐步成熟，正朝着管理的智能化方向发展，智慧工地信息管理平台、建筑机器人等智慧平台＋技术的方式革新了施工组织管理方式，为工程项目精细化管理水平提高助力。当前，智能化施工集成技术也越来越成熟，空中造楼机、住宅造楼机、造墩机、造厂机等一系列智能建造 "黑科技" 为施工现场 "工厂化" 提供解决方案。这些智能建造一体化平台已在全国多个工程项目中应用，推动建筑建造方式升级（图 5-27）。

在新发展理念和 "双碳" 目标的要求下，为贯彻落实党中央、国务院决策部署，住房和城乡建设部大力推进智能建造，通过智能建造试点城市推进科技创新，以科技创新推动建筑业向现代化转型升级。今后将会在数字设计、智能生产、智能施工、建筑产业互联网、建筑机器人、智慧监管等方面，探索应用场景，加强对工程项目质量、安全、进度、成本等全要素进行数字化管控，形成高效益、高质量、低消耗、低排放的新型建造方式，培育具有关键核心技术和系统解决方案能力的骨干建筑总承包企业，增强国际

（a）　　　　　　　　　　　　　　　　　　　（b）

图5-27　智能建造一体化平台

（a）空中造楼机；（b）造厂机

竞争力，实现建筑业走出去战略目标。随着科技发展，智能建造技术的日益成熟，管理水平的逐步提高，将在工程建设各环节应用，形成涵盖科研、设计、生产加工、施工装配、运营管理等全产业链融合一体的智能建造产业体系。智能建造与建筑工业化将会协同发展，同频共振，形成新型组织方式、流程和管理模式。

智能化施工对保障施工安全，提升施工质量，提高施工效率和促进节能减排具有重要的经济和社会价值，将为全面推进建筑业向新型工业化、数字化、绿色化转型升级，推动建筑业高质量发展发挥重要作用。

思考与习题

5-1　智能化施工质量安全管理对建筑业提质增效的意义何在？请讨论智能化施工质量安全管理现状与发展趋势。

5-2　举例说明智能化监测技术在工程质量安全管理中的具体应用。

第 6 章

典型案例分析

混凝土结构智能施工典型案例

项目介绍

智能化施工技术实施

装配式建筑智能化施工典型案例

智能化施工效益分析

社会效益

经济效益

环境效益

本章要点 📖

1.通过实际案例，了解智能施工技术在建筑工程中的应用情况，构建智能施工技术在建筑工程上的应用全景图；

2.理解智能施工技术在建筑工程中的诸多优点，如提高施工效率、降低成本、提高安全性等；

3.理解智能施工技术应用于建筑工程所获取的社会、经济及环境效益。

教学目标 🗔

1.通过混凝土结构工程及装配式建筑智能施工的具体案例，了解BIM数字化应用、部品部件智能生产、智能施工管理、机器人及智能装备应用、智能建造运管平台等智能施工技术的应用；

2.让学生在理论和实践的结合中，全面理解智能施工技术在建筑工程中的应用，培养学生发现问题和分析问题的能力，并能够分析和评估其在不同阶段的效益与挑战；

3.具备运用智能化施工技术和方法解决建筑工程问题的基本能力，为他们未来在建筑领域的职业发展奠定坚实的基础。

6.1 混凝土结构智能施工典型案例

6.1.1 项目介绍

1. 项目概况

长三角国际研发社区启动区二期项目是某集团打造的首批智能建造试点项目，位于苏州市相城区高铁新城，南临青龙港路，东临相城大道，西侧为已建成国际研发社区启动区一期，南侧区域为南京师范大学苏州实验学校，东侧为美的云筑小区；项目总建筑面积为 212 743.14m²，其中地上建筑面积为 141 170.6m²，地下建筑面积为 71 572.54m²。

项目由研发组团四（1 号~3 号科研楼，1-A 塔楼地上 19 层，1-B 塔楼地上 13 层，2 号楼地上 5 层，3 号楼地上 5 层）、研发组团五（1 号~3 号科研楼，1-A 塔楼地上 21 层，1-B 塔楼地上 13 层，2 号楼地上 5 层，3 号楼地上 11 层）、开闭所及地下室组成，如图 6-1~ 图 6-3 所示。

2. 施工重难点分析

1）本项目采用预制 PC 构件，种类繁多，连接复杂，安装精度要求高，协同要求高，

图 6-1　项目效果图

图 6-2　项目区位图

图 6-3　区域规划平面图

周期紧，任务工作量大，且本项目地处繁华街区，场内布置要求高，是本工程的难点；同时，预制构件的现场放置、施工安装等过程管理是本项目重点之一。

2）后期设备安装等配套项目增多，各楼层各专业交叉施工和高空作业工期较长，给安全生产和现场文明施工带来难度；同时施工用垂直运输机械运送量大且由于楼层升高使用频率降低，这对施工单位现场管理水平要求高。

3）项目建设牵扯资源面广，系统知识繁杂，信息分散，项目管理能力、技术能力和服务能力不一致，管控水平参差不齐。合同、成本、质量、安全管理压力大，涉及人员众多，给项目管理带来了较大压力。

4）工程交付的数据包含图纸、文档、BIM 模型，涵盖设计、采购、施工、试运行全过程，参与建设单位多，不同单位交付的数据形式多样、内容叠加，需要打通数据、统一标准，面向房屋用户、物业、城建档案交付不同的数据。

5）项目涉及使用的系统包括文档系统、项目管理系统、工业智造管理系统、智慧工地系统、数字化交付系统等多种数字化系统，如何实现系统集成、系统数据互通，使得数据更加高效也是本项目的一大重点任务。

6.1.2　智能化施工技术实施

1. 总体实施方案

本项目构建标准化智能建造技术实施路径，基于统一智能建造运管平台，打造"一平台六推进"的智能建造示范体系。其中"一平台"以 BIM 轻量化可视化引擎，以业务数据、物联网数据、空间结构数据、智能装备数据等数据为基础打造统一智能建造运管平台，化解复杂系统的不确定性，实现工程项目资源优化配置，支撑工程项目的智能决策与服务。"六推进"包括 BIM 数字一体化设计、智能施工管理、机器人及智能装备、建筑产业互联网平台、数字交付、智慧运维。其中施工阶段涉及前四个推进技术。

BIM 数字一体化设计：整合项目各阶段 BIM 模型和应用成果，将各阶段的业务数据与 BIM 模型进行关联，实现进度、数字资产等项目管理数据的直观可视化。部品部件系统使用平台时将深化 BIM 设计模型导入，实现模型数据的无损传递，形成系统的生产构件的主数据，结合二维码技术对部品部件全过程生产、运输、安装进行追溯管理。

智能施工管理：建立工程现场大数据管理体系，对施工质量、安全、材料管理进行数据采集并汇总到平台进行智能分析，实现项目综合管理。

机器人及智能装备：以 BIM 施工进度模型为底座，对接现场施工机器人及智能设备，实现机器人施工作业监控、调度和功效记录，从而更加方便地让项目管理人员及时了解项目的开展状况，便于后续科学管理和沟通。

建筑产业互联网平台：综合应用建筑信息模型技术及云计算、大数据、物联网、移动互联网、人工智能等新一代信息技术，以服务建筑工程项目生产、管理、监管为主，覆盖建筑业全产业链，促进建筑业各垂直产业领域内人、物、事，以及垂直产业间、企业间、企业与用户间，互联互通、线上线下融合、资源与要素协同，以实现产业链资源与价值有机整合优化，降低整体产业运行成本，提高整体产业运行质量与效率的一种新型的建筑产业发展平台。

2. BIM 全过程应用

BIM 模型建立：在各专业施工前建立土建、机电、基坑围护、场地布置、装饰、幕墙等三维模型，后续根据变更图纸实时更新模型，并做好版本变更台账（图 6-4）。

图纸校核：BIM 工程师在建立各专业模型的同时，校核设计图纸，发现问题后进行优化，并每周将问题随汇报材料一起提交给施工单位，待设计回复后整理成图纸校核报告，并实时更新模型，辅助施工单位提前完成图纸会审，便于现场提早施工（图 6-5）。

无人机工况采集：BIM 工程师每周用无人机对工地整体情况航拍 1 张俯视图；每月拍摄 1 个项目整体情况视频和 8 个方位照片导入 720 云形成 1 组全景图；另外，可根据

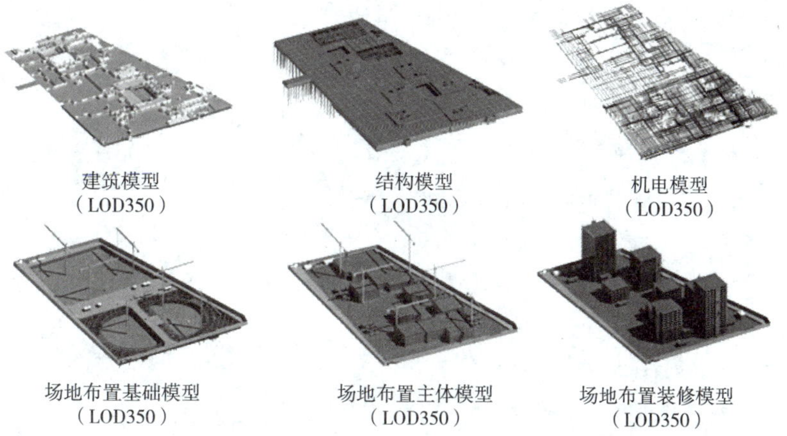

建筑模型
（LOD350）

结构模型
（LOD350）

机电模型
（LOD350）

场地布置基础模型
（LOD350）

场地布置主体模型
（LOD350）

场地布置装修模型
（LOD350）

图6-4 BIM模型截图

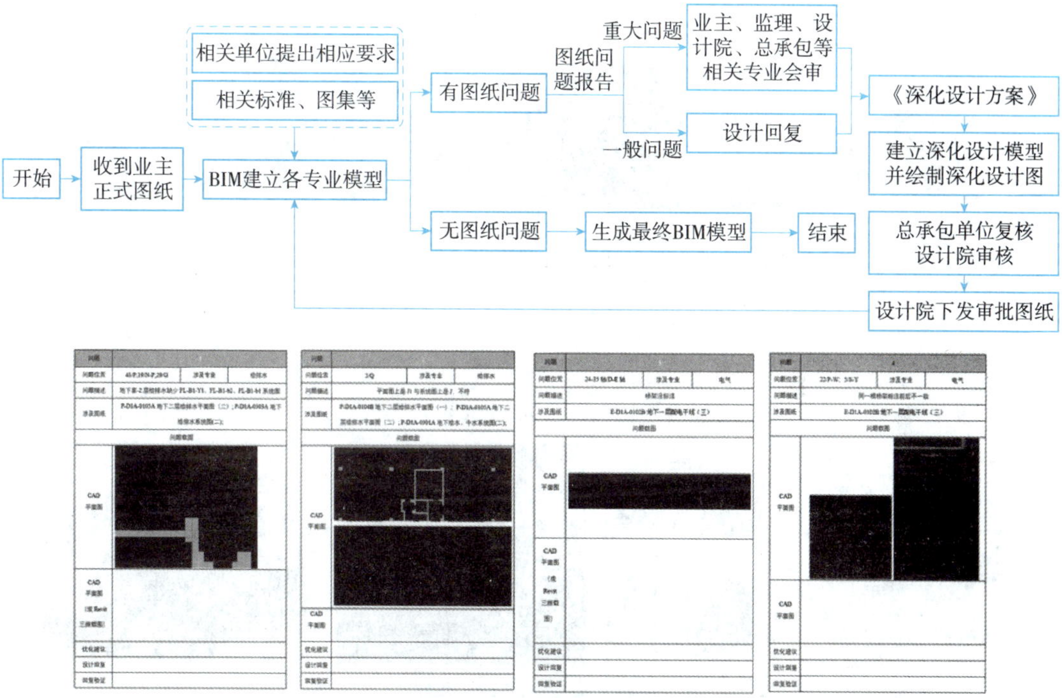

图6-5 图纸校核流程图

施工单位要求拍摄局部节点。最后将照片视频上传至 BIM 平台，辅助现场质量进度的管控，也方便甲方实时了解现场施工的情况，方便后期追溯（图6-6）。

机电管综优化出图：BIM 工程师利用 BIM 技术绘制三维模型，检查碰撞点。主体结构施工前，根据管综优化原则优化主管，提出优化方案，通过 BIM 协调会议确认优化方案，得出主体结构预留洞口图和主体管道综合排布图；二次结构和建筑施工前，继续深化管综，出具管综优化图纸、净高分析报告和砌体结构留洞图；在装饰阶段，深化管道末端和装饰管道，出具装饰管综图纸（图6-7）。另外本项目消防泵房拟采用装配式泵组，

图6-6 无人机航拍图与全景图示例

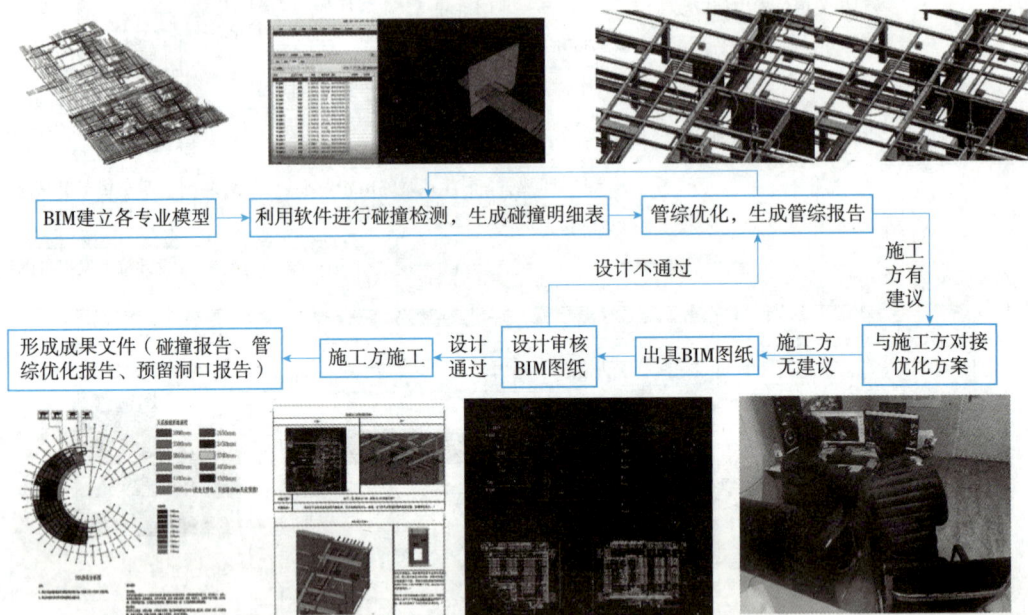

图6-7 管综优化流程图

BIM人员在厂家生产前优化泵房管道辅助生产，提高安装效率。

支吊架深化：本项目支吊架采用工业化成品支吊架，BIM工程师在综合管线深化后根据图纸和现场建议选择支吊架形式，利用红瓦插件生成后手动调整，在距管道转弯处、三通、四通分支处，大型阀门两侧处200~500mm内设置支吊架，便于后期支吊架统计保证精度达到LOD400，出具支吊架剖面图并提取相应工程量，与现场交底，达到管线排布整齐、支吊架间距规范的效果，帮助支吊架工业化生产，提高效率（图6-8）。

管井质量控制：综合管线排布完成后，在施工前管线进行综合合理布局，统一管井支架形式，安装高度保持一致，管井水表、阀门成排、间距均匀。

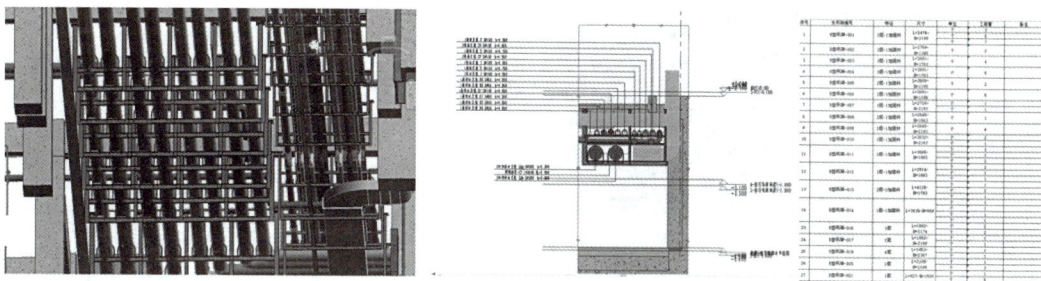

图 6-8 支吊架 BIM 模型

施工场地布置：本项目基坑与红线基本密贴，基础阶段场布难度较大。BIM 人员根据图纸建立施工场地布置模型，制作场布漫游视频，直观了解现场布置情况（图 6-9）。

图 6-9 BIM 基坑阶段场地布置模型

成本管控分析：采用 BIM 技术提取模型混凝土等工程量，报给施工单位预知混凝土等材料所需量，减少材料浪费；图纸变更时，可提取变更前后模型工程量套取清单定额，预知材料变更工程量和造价（图 6-10）。

施工进度模拟：本项目施工周期长，且有扬尘等不利因素，对施工工期影响大。BIM 单位根据施工计划进度，建立施工计划进度模型，生成计划进度动画，与后期实际进度作对比，分析偏差原因，同时可协助施工单位合理选择分包单位进场时间，确保实现节点工期和总工期目标，提高施工效率，为项目进度管理提供价值（图 6-11）。

AR 验核（根据现场要求）：利用 BIM+AR 技术制作漫游视频交付现场，可复核预埋管线、预留洞口、设备安装空间是否满足要求等，帮助施工过程进行前期交底与质量管控（图 6-12）。

设置清单定额规范 → 根据清单定额规范建立BIM模型 → 构件挂接清单，汇总计算得出工程量，通过综合单价得出总价

编制总占比表 ←是— 偏差率是否符合要求 ← 与现场工程量对比后编制造价工程量对比表

↓否

找出原因，修改模型，编制修正表

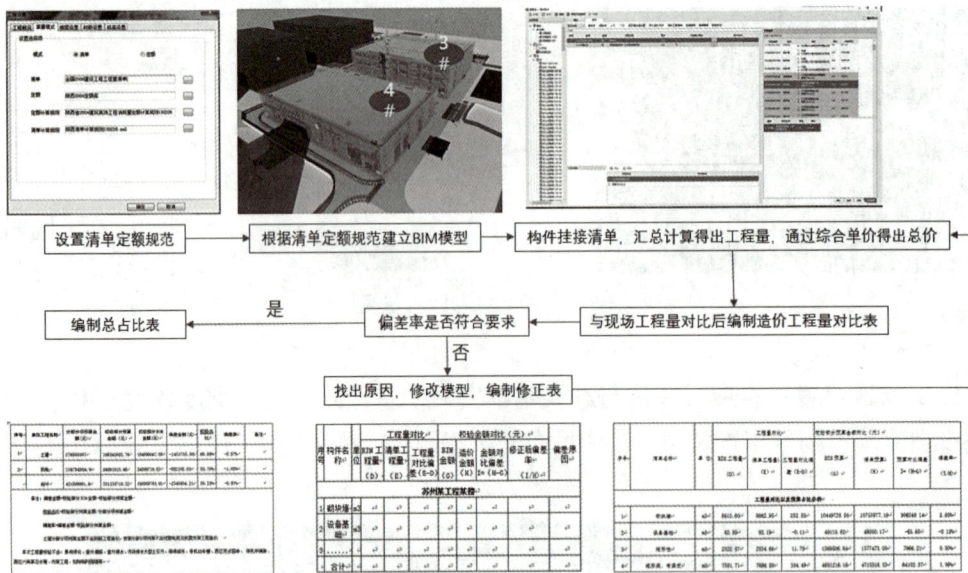

图 6-10　成本管控分析流程图

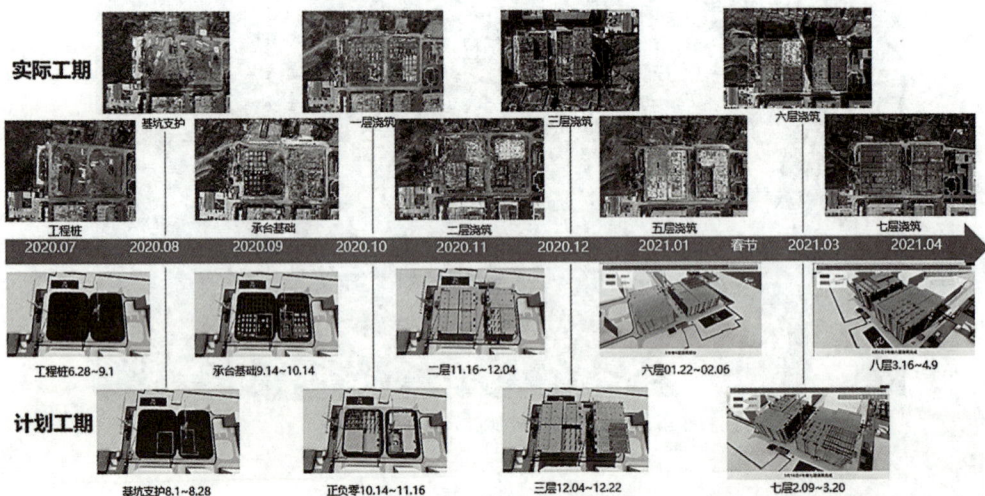

图 6-11　项目进度计划模型与实际进度对比

　　方案比选：本项目组团五1号楼A单元一层结构位置与支撑梁部分重叠，由于本项目支撑为环撑，考虑支撑整体性无法局部先拆撑。因此组团五1-A结构必须等中板全部完成，并拆除一道支撑后才能进行上部结构施工。所以现施工单位提出两方案：方案1，与围护设计协商调整重叠区域环形支撑梁的位置，避开结构框架。方案2，与结构设计沟通，重叠部分支撑梁作为结构柱的一部分提高混凝土强度等级浇筑，同时预留上下柱筋，后期将多余部分的支撑梁体切除。可利用BIM技术对施工单位建议的两种方案在成本、工期、施工可行性等方面进行比选，辅助施工单位选出最佳方案，争取最高效率与最低成本。

| 虚拟工艺样板交付 | 预埋管线回填前校核 | 土建预留孔洞校核 |
| 门窗位置校核 | 机电管综安装工程 | 机房设备复核 |

图 6-12 AR 验核项目示例

危险性较大工程方案模拟（根据现场实际情况模拟）：本项目危险性较大工程主要包括预制 PC 构件吊装、群塔施工和幕墙施工等，可利用 BIM 技术对危险性较大工程方案进行视频模拟，可与施工单位技术交底，辅助施工。

二次结构深化：根据施工方案制作砌体样板，利用插件优化排砖、增加控制点，利用徕卡 ROBOT60 自动放样机器人在现场放样形成点位信息报告，报告导回模型复核并出图，录入信息至二维码打印粘贴于现场。这样不仅提高放样精准度，而且放线时间缩短一半（图 6-13）。

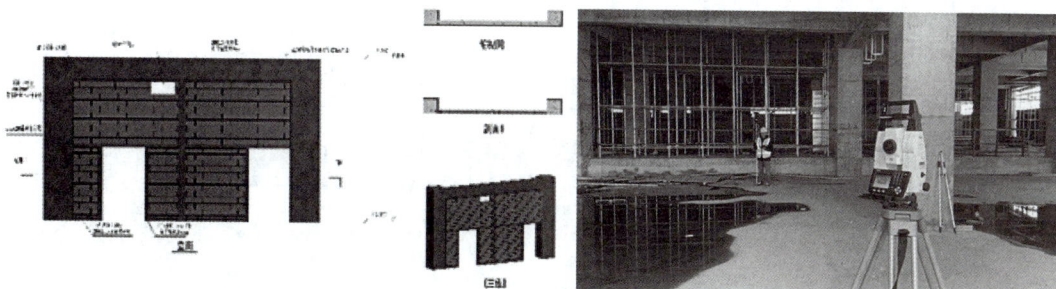

图 6-13 排砖 BIM 模型与现场放样情况图片

CI 标准化管理：CI 标准化管理基于 BIM 的现场施工管理信息技术，针对本项目基坑临边、洞口防护、楼梯防护、安全通道、木工操作棚等方面达到定型化、工具化。实现现场标准化管理，将企业经营理念与精神文化，运用整体传达系统传达给企业内部与大众，形成良好的企业形象和标准化现场管理。

安全 VR 体验：目前安全教育体验项目共 18 种，通过 VR 体验可知案例事故发生原因与可能存在的安全隐患，从而提高安全意识，达到本项目安全目标，安全生产零事故，杜绝一切重伤和人亡事故和重大质量安全事故，确保达到省级标准化三星工地、江苏省绿色建筑示范工地标准（图6-14）。

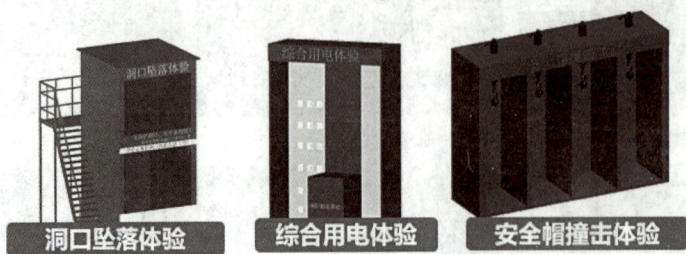

洞口坠落体验　　综合用电体验　　安全帽撞击体验

图6-14　体验项目图

3. 部品部件智能生产

本工程装配式预制比率高，预制 PC 构件种类繁多、连接复杂，为提高预埋、连接的精确性，本项目将 BIM 及 BIM+ 技术应用在预制构件设计、生产和运营中（图6-15）。

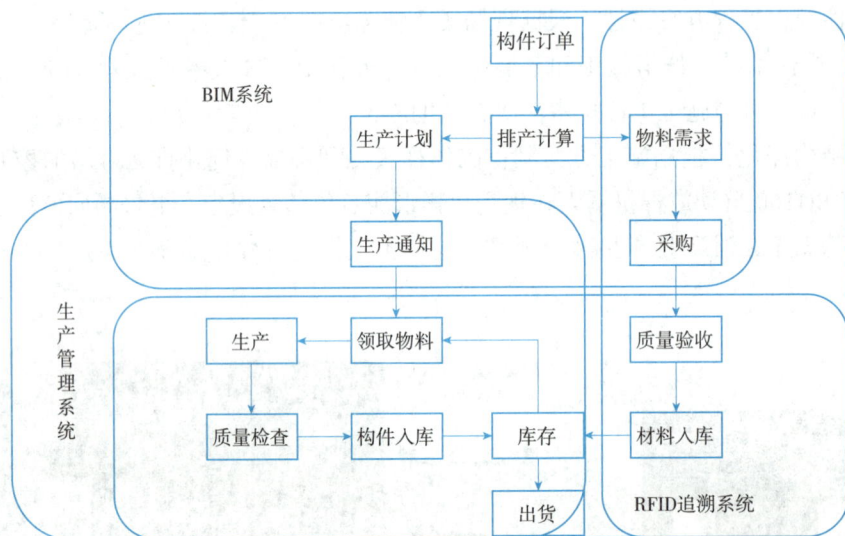

图6-15　预制构件生产系统

1）构件生产

基于装配式构件生产系统，本项目将部品部件的深化设计、构件生产、储存运输等过程的操控管理功能集结合一。通过应用 BIM 系统对构件进行拆分，通过生产管理系统对生产线进行全生命周期管控，实现设备使用管理透明化；使用自动化钢筋生产线和混凝土自动化生产线的对接，基于 RFID 动态跟踪系统，针对部品生产基地的各自动化生产线进行严格的实时监控，保证整体结构安装质量，提高安全程度（图6-16）。

部品部件的自动化生产线主要为环形流水固定节拍自动化生产，采用高精度、高强度的矩形钢模台及模具，通过驱动轮对模台产生动力，操控摆渡车进行横向摆动，最终

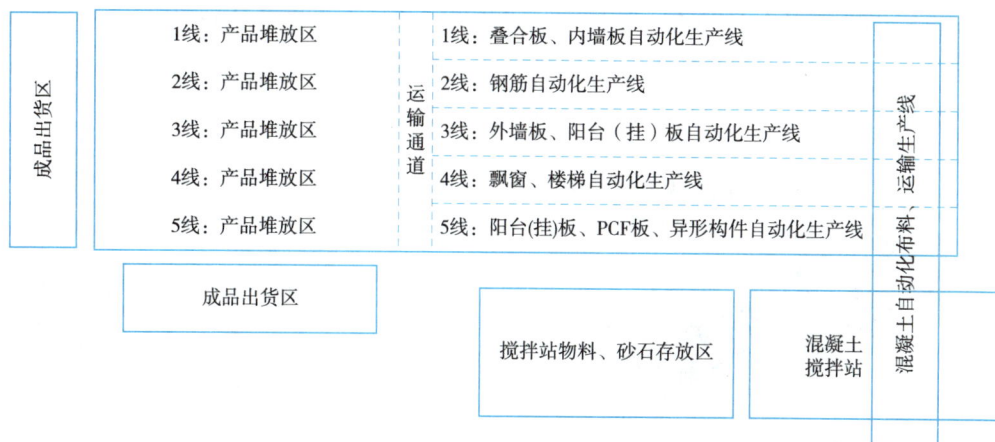

图 6-16 部品部件的自动化生产线

形成闭合环线。作业内容为：生产预制内/外墙板、叠合板及构件养护作业。经生产线加工成构件成品，运送至产品堆放区或者成品出货区，流转的空模台重新返回模台清理位置，模具拆下后返回模具缓存区经过清理等待再次使用。

在固定模具的环形流水节拍生产线的基础上借鉴柔性生产线工作原理，对浇筑混凝土后的养护工位至完成拆模的清扫整理工位使用固定流水节拍的自动流水，而其他工位通过系统的转运车、布料车进行运输、转运、摆渡，使得其与自动化生产线之间形成一体化流水作业（图 6-17）。

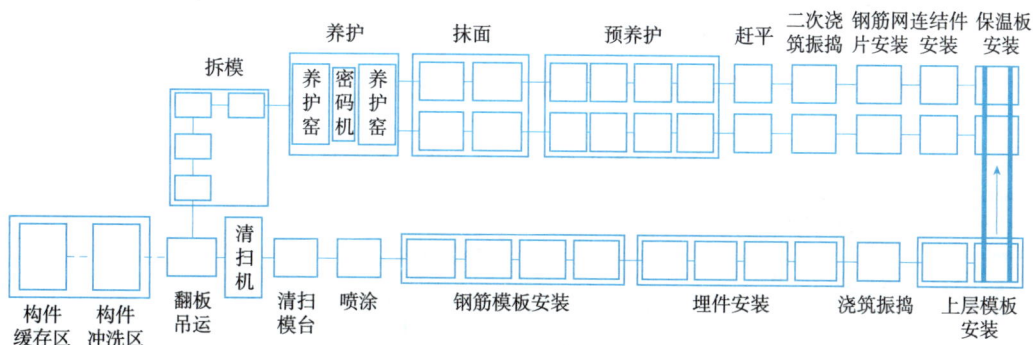

图 6-17 混凝土的流水生产线

装配式内墙（板）、叠合板采用自动化流水线进行生产的预制构件占比大于 70%；钢筋网片、钢筋桁架采用智能钢筋加工专用设备进行加工制作（图 6-18）。

2）构件管理

在 PC 构件生产阶段，可以选择生成构件加工图纸指导工人施工，也可以选择基于 PC 构件族库，导出各构件尺寸、配筋、保护层厚度等信息，输入到构建数控加工机床，完成简单构件的加工制造。

由于本工程 PC 构件种类多、数量大，因此需要建立一个完整的 PC 构件库管理模块，建立统一的构件分类标准和编码标准，对于 PC 构件的编号、工程编号、楼号、楼层、重量、混凝土强度等级、构件状态等信息进行统一管理（图 6-19）。

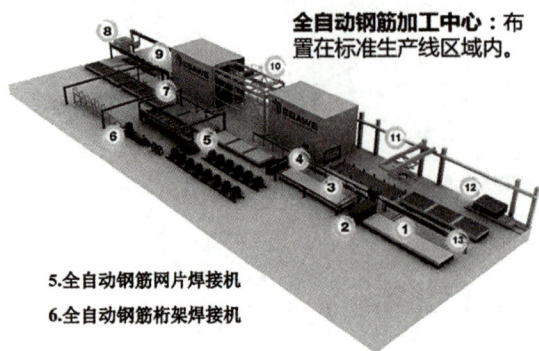

图 6-18　智能钢筋加工专用设备

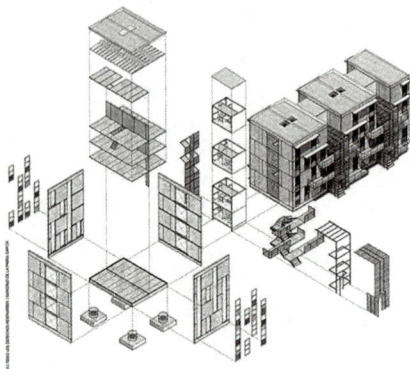

图 6-19　建筑 PC 构件分类示意图

3）构件运输

成品与发运管理范围应涵盖成品的入库、出库、质检、发运各环节，其基本内容应包括成品库存管理、成品质量管理、成品发运管理。成品质量管理应对构件进行入库前的验收，验收时应收集构件检查资料、核对构件信息、检查构件的外观、标识及尺寸，并将所搜集的信息与验收记录及时录入信息系统中。成品库存管理应包括构件入库、出库、盘点等仓储管理全过程的管理。成品发运管理应按项目计划的要求和施工单位确定的现场安装顺序编制发运计划，按照规定对发运计划进行编码，并建立发运计划与构件信息、构件发运状态、发货清单等之间的联系。构件发运过程中应结合 NFC 和二维码技术，实时跟踪构件发运状态，避免漏发、错发（图 6-20）。

图 6-20　智能建造运管平台部品部件管理

4）构件吊装

本项目全部预制构件吊装均采用二维码技术收集施工信息。由施工单位现场管理人员通过预制构件管理系统进行收集构件检查资料，监理人员负责复核、检查构件的外观、标识及尺寸，录入构件进场时间和吊装时间，收集并录入构件安装过程的质量信息，包括构件检验单位、自检单位、构件是否合格，并利用这些信息进行分析处理，对可能产生的质量问题制定纠正、预防措施。

4. 智能施工管理

智慧工地是围绕人、机、料、法、环等关键要素，综合运用 BIM、物联网、移动通信、云计算、大数据、人工智能等信息技术和机器人等智能设备，与施工技术深度融合与集成，对工程质量、安全等生产过程加以改造升级，提高施工现场的生产效率、安全水平、管理效率和决策能力（图 6-21）。

现场监管实施内容一张图

图 6-21 项目设备分布图

通过智慧工地系统的建设能够为项目现场工程管理提供先进技术手段，构建工地智能监控和控制体系，能有效弥补传统方法和技术在监管中的缺陷，实现对人、机、料、法、环的全方位实时监控，变被动"监督"为主动"监控"。同时将 VR 技术引入施工安全教育中，真正体现"安全第一、预防为主、综合治理"的安全生产方针（图 6-22）。

为保证项目实施的及时性、可靠性和先进性，在选择各子系统时，优先选用公司自主研发且经过市场成熟应用的子系统软件和硬件，对接系统优先选用市场主流和知名品牌。

1）现场安全隐患排查

这包括人员信息动态管理、基于人脸识别技术的人员实名制考勤管理、人员培训闸机管理、疫情期间红外测温、多媒体或 VR 安全教育体验、进出人员身份识别及在岗信息显示等。

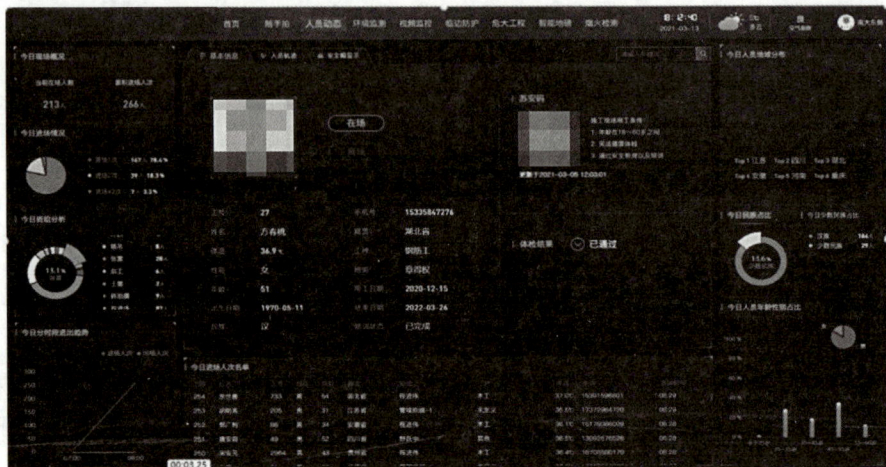

图 6-22　智慧工地系统

2）扬尘管控

智能联动，"监测＋治理"一体化管理。实时监测环境数据，视频辅助实时记录，数值超标预警，视频抓拍留档记录。同步联动降尘装置，数据超标智能启动，实现设备自动远程联动控制，提升环境整改效率。LED大屏实时反映环境数据，展现文明施工成果（图6-23）。

- 实时监测，临界预警
  实时监测环境数据，视频辅助实时记录，数值超标预警，视频抓拍留档记录。
- 智能联动，"监测＋治理"一体化管理
  同步联动降尘装置，数据超标智能启动，实现设备自动远程联动控制，提升环境整改效率。
- 大屏展现，提升项目形象
  LED大屏实时反映环境数据，展现文明施工成果。

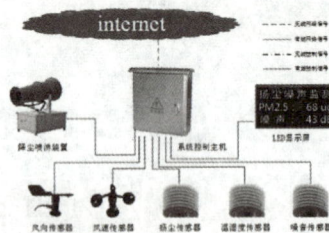

实时数据监测　　雾炮联动　　围墙喷淋联动

图 6-23　扬尘管控

3）视频监控

在项目主要出入口、通道处、围墙周界等场地共计部署31台枪机。选择2台塔式起重机上部署球机2台作为制高点监测。实现现场重点区域监控全覆盖。

采用AI监控子系统，在制高点2号楼、主要出入口、升降梯内部设置AI视频监控机，AI自动识别包括但不限于人员识别、车辆识别、行为识别、火警识别、未戴安全帽识别、升降梯人数识别、未穿反光衣识别等。如发现违规行为，主动抓拍并报警，信息通过手机端、PC端发送至管理人员，节约排查时间。联动现场报警设备功能（图6-24）。

图 6-24　AI 视频监控

4）高处作业防护预警

护栏状态监测系统基于 NB-IoT 技术，通过监测终端远程实时监控临边防护栏安全状态，同步上传数据至云平台，防护栏位移、缺失等异常情况立即报警。当有工人接近缺失或移动的防护栏杆时，应向后台发出预警信息，并通过声光等方式进行当场提醒。

5）危险性较大工程监测预警

设备监测主要包括塔式起重机、施工升降机等设备。对操作人员进行身份识别；非授权人员操作仪器，向后台发送预警信息；对塔式起重机、施工升降机、卸料平台的运行状态进行实时监控，报警时实时传输数据；对多个塔式起重机，采用防碰撞技术（图 6-25）。

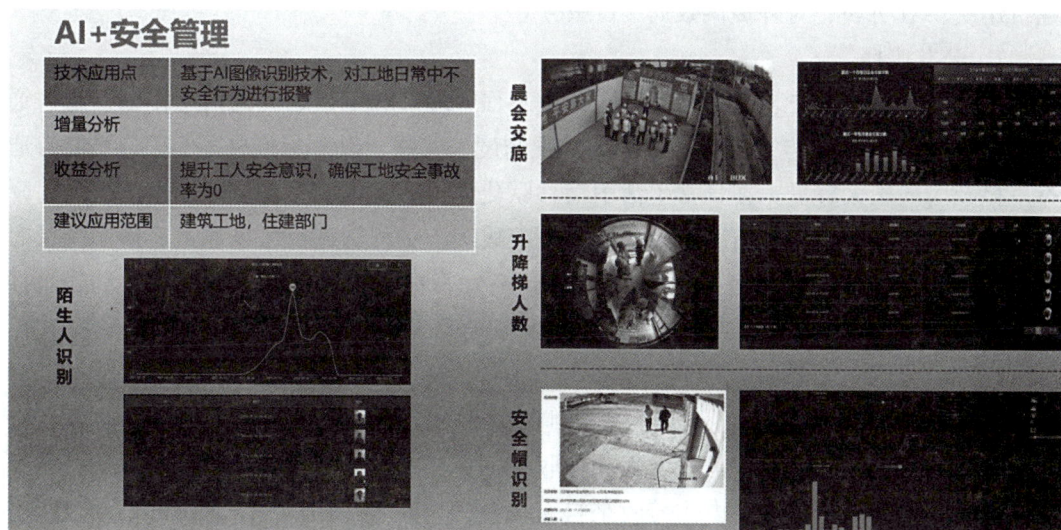

图 6-25　AI 监控子系统

6）集成平台

本项目智慧工地采用集成平台，对人员、设备、安全、质量、生产、环境等要素在施工过程中产生的数据进行全面采集和处理，并实现数据共享与业务协同，最终实现全面感知、安全作业、智能生产、高效协作、智能决策、科学管理的施工过程智能化管理系统（图6-26）。

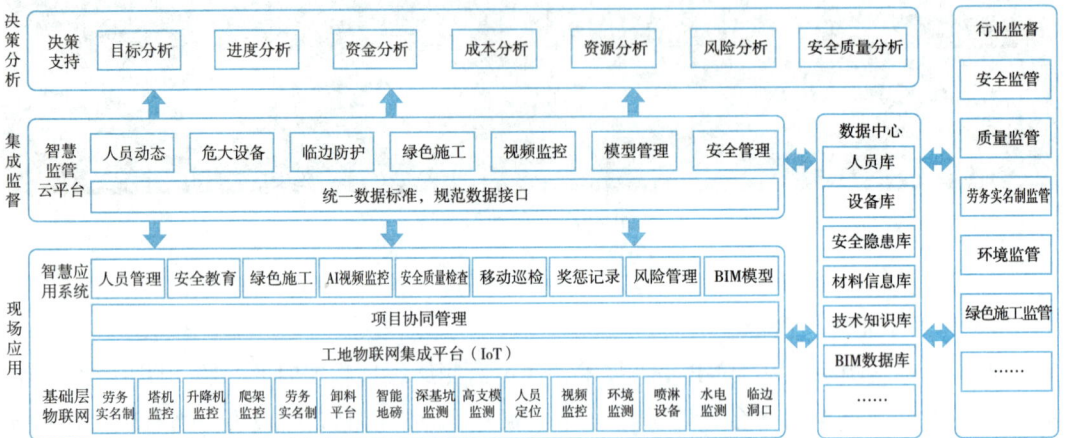

图6-26 BIM+AIoT数据集成平台系统架构图

集成平台从底向上主要包含基础层、应用层、决策层。

（1）基础层：包含基坑监测、塔式起重机、高支模、升降机、卸料机、扬尘、喷淋、安全帽、考勤闸机、声光报警等智能化物联设备。

（2）应用层：包含人员管理、安全教育、扬尘管控、视频监控、移动巡检等。

（3）决策层：以BIM、GIS、IoT大数据为支撑，对内提供数据管理、数据可视化、建筑建模、AI分析，对外提供数据接口服务。

7）公共广播

智能广播系统，安装在工人生活区，是工程管理部和工人之间的信息传输通道，通过IP定位，实现手机点对点喊话。工地各项制度、奖惩、教育、事故案例等信息能够通过广播及时向工人宣贯。在日常生活中潜移默化地提升工人安全和遵守制度的意识，降低工地安全隐患。在特殊情况下，如火灾、事故等，工程管理部可以通过广播系统及时指挥工人疏散或者组织救援。智能广播系统与AI视频监控系统联动，实现自动告警播报，通过视频监控自动识别现场违规行为，并联动附近的广播进行语音提醒。

8）电能监测

物联网电表开通运行后，电表会搜寻到附近的NB-IoT通信基站并注册到物联网云平台，云平台就会知晓该电表需要上报和接收数据，之后电表的用电数据通过通信基站上传到智慧工地云平台，同时电表接收来自云平台的校时等数据信息。管理部门通过云平台可以看到各户用电情况，实时的能耗曲线，各种按月、按日的统计报表。另外平台上实现仪表数据和数据的提取功能。

9）用水监测

物联网水表开通运行后，水表会搜寻到附近的 NB-IoT 通信基站并注册到物联网云平台，云平台就会知晓该水表需要上报和接收数据，之后水表的用水数据通过通信基站上传到智慧工地云平台，同时水表接收来自云平台的校时等数据信息。管理部门通过云平台可以看到各户用水情况，实时的能耗曲线，各种按月、按日的统计报表。另外平台上实现仪表数据和数据的提取功能。

5. 机器人及智能装备

由于施工环境复杂、工艺流程多样化等因素，现场施工机器人目前很难实现端到端的解决方案，更多以人机协作的方式实现闭环作业。装配式工厂生产机器人及配套施工机器人由于环境相对标准、数字化效果明显，也有广阔的运用市场。

现阶段，建筑机器人在施工危险度较高、工艺复杂度较低、机器人 ROI 较高的场景会较先落地，并实现规模化应用，能有效提高施工效率和施工质量、保障工作人员安全及降低工程建筑成本。

1）机器人应用

本项目采用混凝土工程机器人（包括整平机器人、履带抹平机器人、抹光机器人）、墙板安装机器人、室内打磨机器人、室内喷涂机器人、实测实量机器人等，总计 12 款（图 6-27）；普遍应用于大面积、重劳力、重复施工或施工难度大、危险大等场景，具有操作简单、施工精度高、节省人工劳务成本、收回成本较快等优点。

2）机器人应用范围

（1）在北侧组团四区域地下室应用混凝土机器人（包括激光整平机器人 2 台、履带抹平机器人 2~4 台、抹光机器人 2 台），底板加顶板总应用面积达 47 254m^2。

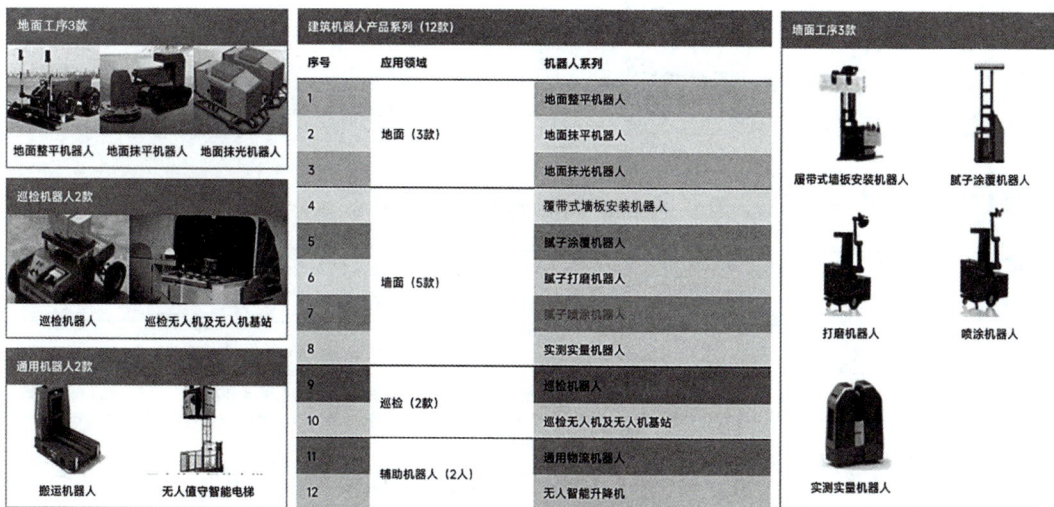

图 6-27　各种施工机器人

（2）ALC安装机器人应用的作业工程量达到2 490.88m²。

（3）墙面装饰机器人（包含墙面腻子敷涂、腻子打磨、腻子喷涂机器人）计划应用范围：地下室墙面面积60 573.35m²；组团四上部内墙面积21 495.49m²。

6. 建筑产业互联网平台应用

基于建筑产业互联网平台汇聚的海量业务数据，通过综合应用建筑信息模型技术及云计算、物联网、人工智能等新一代信息技术，以服务建筑工程为主，覆盖建筑业全产业链，促进建筑业各垂直产业领域内人、物、事及垂直产业间、企业间、企业与用户间，互联互通、线上线下融合、资源与要素协同，针对项目人员、物料、设备等资源，进行数字化调配和管理，形成建筑产业互联网平台，实现政府、企业、项目多层级精细化管控，并赋能政府监管和行业数字化提升，以实现产业链资源与价值有机整合优化，降低整体产业运行成本，提高整体产业运行质量与效率。

建筑产业互联网围绕工程项目全过程，建立从设计、招标投标到施工的项目管理平台，实现各施工现场主要生产施工过程的数字化、透明化，构筑数据加算法的核心优势，为围绕项目的多参与方赋能，实现共赢（图6-28）。

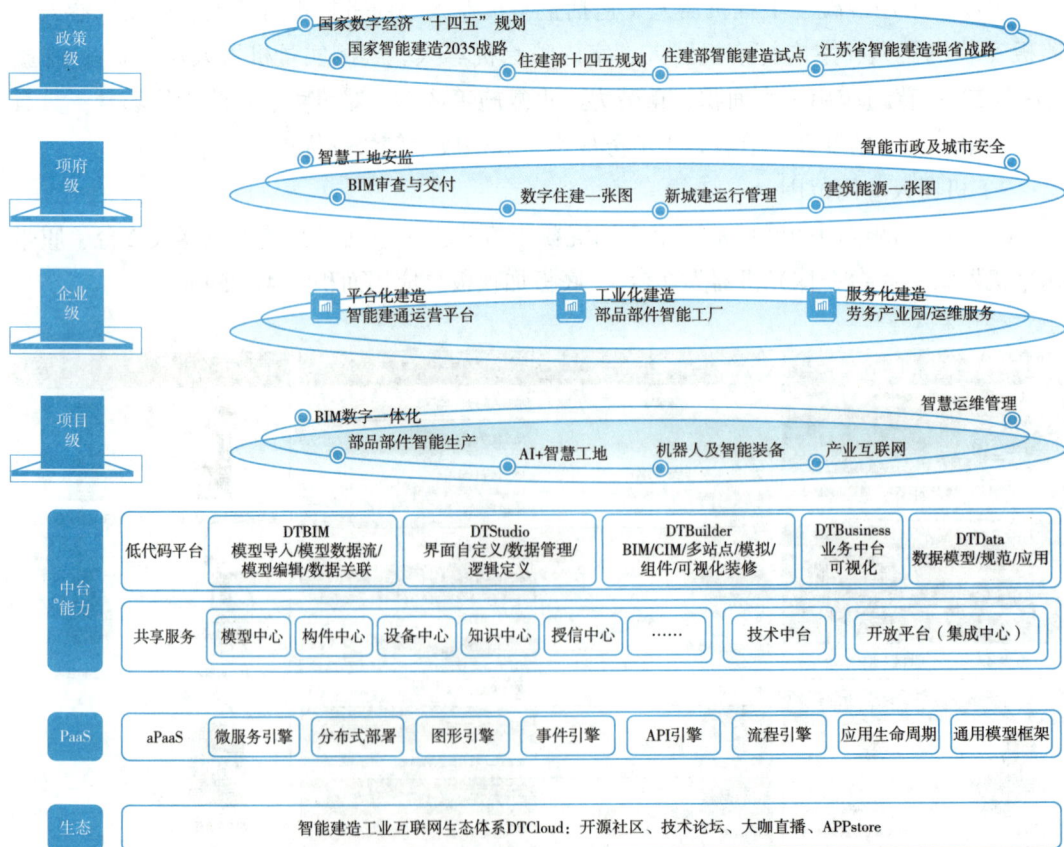

图6-28　本项目建筑产业互联网架构图

1）政府监管级产业互联网平台

政府监管级助力构建基于大数据的行业监管体系。基于大数据的行业监管体系，通过建筑市场管理、施工现场管理，积累项目、企业、人员、诚信记录，与社会征信合并形成"四库一平台"，利用平台海量数据信息，反作用于市场管理，实现精准化行业数字治理。同时，通过应用物联网设备、交易平台采集施工现场及交易数据，运用大数据分析技术形成监管依据，将"现场"执法检查的结果实时反馈给"市场"的监管，完善"市场"的管理，服务于现场实际投入资源的监管，构建"市场 + 现场"两场闭合联动机制，强化市场与现场的实时管理，提高行业管理的精准度与力度，大幅提升行业监管水平。

本项目通过串联相城区 BIM 监管、智慧工地监管平台，实现数据从项目到政府级贯穿，数据实时联动（图 6-29）。

2）企业级产业互联网平台（图 6-30）

施工企业做好业财一体化管理体系的战略规划。为了推进财务管理部门与业务管理部门目标协同一致，建筑施工企业需要事前做好业财融合管理体系的宏观规划，依据企

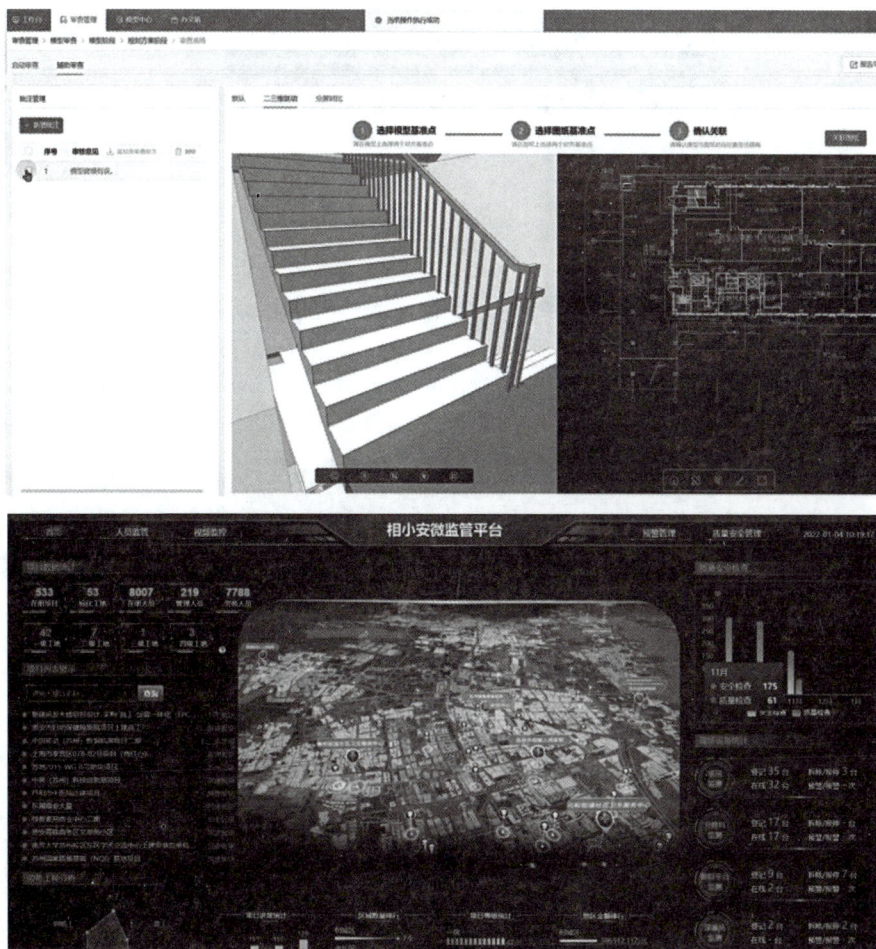

图 6-29 相城区 BIM 监管平台

业实际情况进行整体布局，在遵循成本效益原则的基础上，实现财务指导业务、业务反馈财务的工作模式。财务管理可以充分发挥预算管理工具的作用，通过经营项目预算统筹、资金支出进度全过程监督、投资项目事后考核等环节，实现财务管理工作对业务活动的充分参与；业务活动，施工项目为主要管理内容，在投资立项分析、采购预算编制、资源统筹配置、设备融资租赁、项目竣工结算等环节发挥财务管理作用；管理理念，建筑施工企业的管理层人员应当基于业财一体化管理理念，加强内部宣传工作，从管理目标、管理内容、管理方法等层面向基层人员传达业财一体化管理体系的应用意义，在财务管理部门和业务管理部门之间形成思想共识和深度理解，为财务管理模式转型提供环境基础。

3）项目级产业互联网平台（图 6-31）

整合 BIM 数字一体化设计、智慧工地、机器人、部品部件、产业互联网、智慧运维各分项系统，构建了"一平台、多系统"的应用模块，实现数据智能采集、智能预警，打造智能建造运管平台，实现智能建造六要素资源的最佳配置。

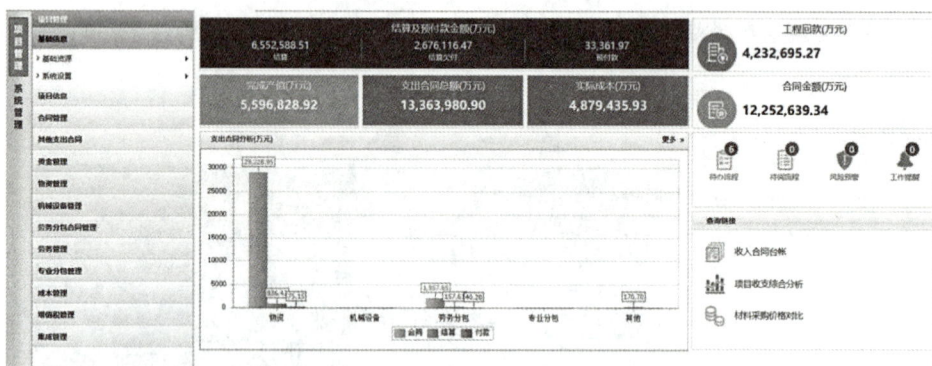

图 6-30　企业级产业互联网平台

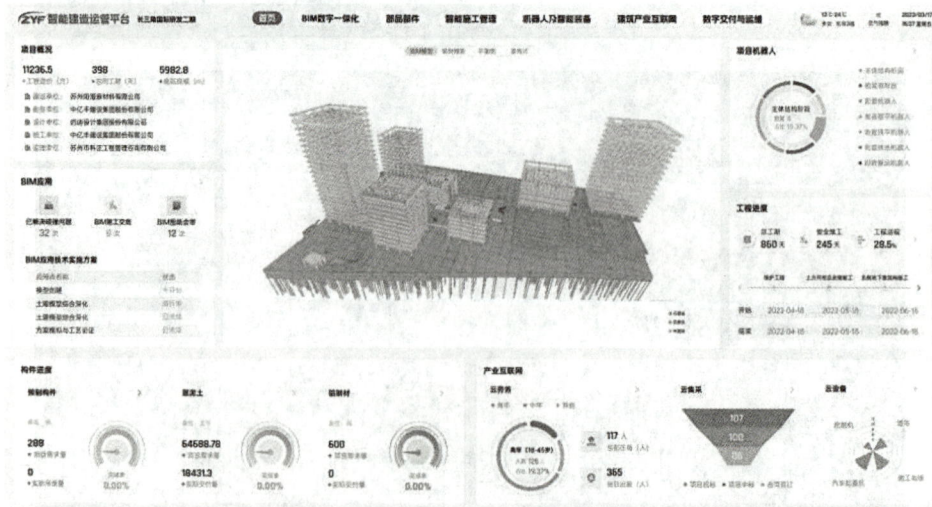

图 6-31　项目级产业互联网平台

6.2　装配式建筑智能化施工典型案例

随着社会发展和经济增长，我国人口红利正在消失，建筑业面临劳动力短缺、人工成本快速上升、环境污染大等难题。装配式施工作为新型建筑建造方式，通过推行建筑标准化设计、构配件工厂化生产、现场装配式施工，极大地提高了建筑工业化程度及劳动生产率、节省资源、减少污染，较好地破解上述难题。

二维码 6-2
拓展阅读 1

某科技集团建造的全球首座不锈钢低碳建筑——活楼是装配式建筑智能化施工典型代表。活楼采用模块化设计、生产、运输、安装，构配件 100%工厂化建造，集装箱运输，现场安装只需用螺栓将模块拧固、插接水电，一天可建 3~10 层。相关内容见二维码 6-2、二维码 6-3。

二维码 6-3
拓展阅读 2

活楼极大地降低了成本及工期，工厂流水线生产比现场施工效率高 20 倍以上，建材成本降低 30%~200%，得房率高 2%~5%；活楼安全性能升级，采用不锈钢芯板，结构安全，自重轻、耐久、抗强震；活楼绿色环保，其建造过程实现零混凝土、零脚手架、零模板、零建筑垃圾；活楼是低碳住宅，采用厚保温、多玻窗、窗外遮阳、窗内隔热、新风热回收，空调运行能耗降低 80%~90%；活楼的空间布置及建筑功能变换灵活，无柱无承重墙，建筑楼型、户型层数等变化灵活，同时可拆卸回收、异地重建，或改建为住宅、医院、养老院等。

6.3　智能化施工效益分析

6.3.1　社会效益

通过智能建造的实施，取得良好的社会效益。

1. 促进企业转型升级

加快培育具有智能建造系统解决方案能力的工程总承包、勘察设计、建筑施工、装备制造、部品生产、信息技术等企业，打造智能建造集群式产业新生态，促进研发设计、产品制造、营造运维为一体的 EPC 总承包、智能建造、绿色建造全产业链条发展，鼓励企业建立多方协同的智能建造工作平台，强化智能建造上下游协同工作，逐步形成以工程总承包企业为核心、相关领先企业深度参与的开放型产业集群体系。

2. 保障建筑施工安全

随着国内人口出生率不断下降，劳动力人口缩减，人口红利逐渐消失。建筑业属于重体力劳动，劳动力进入施工行业意愿更低；而行业发展模式的迭代也会导致对工人需求的变化，随着智能建造发展日益成熟，产业链上下游将会诞生更多全新的工种，通过建筑机器人等智能装备的应用，将工人从"危繁脏重"的各种作业环境中解放出来。智能建造技术能够实现全过程的监测和控制，有效避免建筑安全事故的发生，保障人员生命财产安全。

3. 推动建筑产业变革

智能建造是以人工智能为核心的新一代信息技术与工程建造相融合而形成的一种工程建造技术，它不仅是工程建造技术的创新，还将从经营理念、市场形态、产品形态、建造方式以及行业管理等方面重塑建筑业。发展智能建造，是当前建筑业突破发展瓶颈、增强核心竞争力、实现高质量发展的关键所在。

6.3.2　经济效益

通过智能建造技术的实施，也能为相关企业和项目带来良好的经济效益。

1. 降低项目的前期成本

通过无人机、AI、BIM、数值模拟等技术的实施，以 BIM 模型为基础，进行碰撞检测，并将检测出来的碰撞问题以问题报告的形式反馈给业主；主要运用点在于水暖电各专业与土建、内装专业的碰撞，以及机电管线综合的碰撞。通过 BIM 碰撞检测避免施工过程中的软碰撞和硬碰撞，从而提高施工质量和工期，同时节省了成本造价。

2. 降低项目的建设成本

在项目建设过程中，由数据驱动的智能建造技术与传统建筑各系统独立建设方法相比，大约可节省 20% 的投资。通过智慧运管平台的应用，与传统的管理方法相比，可提高管理效率 15%~20%。智能建造技术能够减少建筑过程中的浪费和错误，降低建筑成本，提高企业的盈利能力。应用智能建造技术能够提高企业的生产效率和管理水平，提高企业的竞争力和市场份额。智能建造的建筑机器人技术，能够减少施工人员的操作时间和劳动强度，提高施工效率，从而缩短建筑工期。

3. 降低项目的运维成本

智能建造技术能够提高建筑物的使用效益和生命周期价值，为业主带来更大的经济效益。其中，最重要的经济效益之一是节能效益。在智能化系统建设中，将建立空调、照明等方面的智能控制系统，大大降低运营成本，经济效益十分可观。

6.3.3　环境效益

1. 减少资源消耗

我国建筑垃圾总量占城市垃圾产生总量的 1/3 左右，非法堆积、随意丢弃等问题严重。智能建造技术能够减少建筑过程中的废弃物和污染物，节约资源，减少环境污染。部品部件采用工厂预制，从源头开始就减少了建筑垃圾的产生，减少环境污染。内装采用干法装配的施工方式，无需进行现场切割，减少了噪声污染。采用管线分离体系，主体结构与管线分离，无需开墙凿洞，延长建筑使用寿命，装配式装修部品均可回收利用，不会产生拆旧翻新产生的大量垃圾。采用 BIM 技术贯穿设计与施工管理全程，减少设计中的"错漏碰缺"，实现精准下料，降低建筑材料损耗率。

2. 提高能源利用效率

智能建造技术能够实现建筑物的能源自动化控制，提高能源利用效率，减少能源消耗和排放。通过充分利用太阳能、采用节能的建筑围护结构以及采暖和空调，减少采暖和空调的使用等措施来达到节能目的。显著减少建筑运行期的各项能耗，达到减少电网负荷的效果。

3. 推动可持续发展

智能建造技术能够推动建筑行业向数字化、智能化和可持续发展的方向转型升级，为可持续发展做出贡献。通过打造引领行业的智能建造绿色低碳示范工程，强化绿色能源应用，实现建造方式绿色低碳转型，创建超低能耗绿色园区、绿色基础设施和低碳工地示范项目。通过科学建造、智能建造推动绿色低碳发展，对降低建筑领域碳排放、科学规划未来城市发展以及"双碳"目标的实现具有深远意义。

综上所述，应用智能建造技术能够带来多方面的效益，对于促进建筑行业可持续发展、提高经济效益和实现环境保护具有重要意义。

参考文献

[1] 王琛，樊健生．基于深度学习的土木工程结构全过程响应智能计算框架 [J]．建筑结构学报，2023，44（1）：259–268．

[2] 刘占省，孙啸涛，史国梁．智能建造在土木工程施工中的应用综述 [J]．施工技术（中英文），2021，50（13）：40–53．

[3] 金蕾．GIS 技术在土木工程工程测绘中的应用 [J]．工业建筑，2021，51（8）：260．

[4] Stefanic M，Stankovski V．A review of technologies and applications for smart construction[J]．Proceedings of the Institution of Civil Engineers，2019，172（CE2）：83–87．

[5] 中华人民共和国住房和城乡建设部．装配式混凝土建筑技术标准：GB/T 51231—2016[S]．北京：中国建筑工业出版社，2017．

[6] 杨光，林文雯．BIM 参数化设计方法及信息模型的可视化研究 [J]．水利技术监督，2022，No.179（9）：45–48+112．

[7] 周军红，高如国，栾公峰，等．智能化焊接机器人在建筑钢结构行业中的应用 [J]．焊接技术，2020，49（2）：73–75．

[8] 邹春光．建筑施工智能化现状与展望 [J]．科技风，2021，451（11）：117–119．

[9] 赵永庆，王春林，丁延胜，等．智能化焊接机器人在高层钢结构制造和安装施工中的应用进展 [J]．城市建筑，2021，18（14）：124–126．

[10] 凌可胜，王立新，胡佳，等．基于物联网的静力压桩规范施工智能监测系统设计 [J]．传感技术学报，2023，36（3）：497–502．

[11] 李灿峰，龚宇凯，刘宁．BIM 技术在复杂地质条件桩基施工中的应用 [J]．福建建筑，2021，279（9）：90–93．

[12] 王龙，舒艳丽，邬德宇，等．智能管控技术在钻孔灌注桩施工中的应用研究 [J]．中国水运，2022，22（10）：161–163．

[13] 茅昕钰．BIM 技术在超深地下连续墙工程中的综合应用 [J]．住宅与房地产，2019（5）：170–171．

[14] 胡杰．浅议基坑监测技术应用现状与发展方向 [J]．建筑监督检测与造价，2021，14（2）：32–35．

[15] 高浪．基于 BIM 技术的 EPC 项目成本的动态控制 [D]．西安：长安大学，2014．

[16] 贾美珊，徐友全，赵灵敏．国内智慧建造应用发展分析 – 基于共词分析法 [J]．土木建筑工程信息技术，2019，11（4）：111–120．

[17] Liu C．Energy consumption simulation of green building based on BIM system and improved neural network[J]．Journal of Intelligent and Fuzzy Systems，2021（2）：1–12．

[18] 周峥，邓朗妮，廖羚，等．BIM 技术在钢结构深化设计与施工中应用热点的知识图谱构建方法研究 [J]．土木建筑工程信息技术，2020，12（3）：16–21．

[19] 廖佳，周强. 基于演化博弈的工程项目施工安全管理分析 [J]. 运筹与管理，2019，28（5）：71-76.

[20] 杨代峰. 基于现代信息技术的工程项目施工风险管理研究 [D]. 大连：大连理工大学，2018.

[21] 阮师亮. 工地智慧化影响因素研究 [D]. 重庆：重庆大学，2021.

[22] 中华人民共和国国家质量监督检验检疫总局，国家标准化管理委员会. 建筑施工场界环境噪声排放标准：GB 12523—2011[S]. 北京：中国环境科学出版社，2012.